U0186527

汪诘

著

The Big Bang of Future Technology

未来科技大爆炸

河北人民出版社 河北科学技术出版社

石家庄

目录

元宇宙

人工智能

未来医疗

未来交通

太空旅游

区块链与 NFT

芯片与材料

后记

前言

熟悉我的读者都知道，我除了职业做科普以外，还是一个资深的科幻迷，不但做科幻评论，自己也创作科幻作品。我为什么喜欢科幻？其中有一条理由就是：想让自己的生命在精神世界中多延续几年。

我想当我即将离开这个世界的时候，如果问我有什么遗憾，我可能会这么回答："很遗憾不能看到人类还能发明出什么有趣的东西。"所以，喜欢科幻，其实就是想在有生之年尽可能弥补这份遗憾。

因此，对我来说，预测在不远的未来我们的生活会如何被科技所改变是一项相当有趣而且富有挑战的智力游戏。优秀的科幻作品往往比拼的是谁的脑洞开得大，谁能自圆其说地幻想出一些普通人想不到的未来。但是，我要做的不只是大开脑洞，更要运用科学思维，尽可能准确地预言最有可能到来的未来。所以，我希望这本书能够具有一定的现实意义，最好能成为一本可以对投资、就业、创业以及未来生活等有参考价值的书。

我当然知道，想要预测未来是极其困难的。在这个瞬息万变的社会，未来一两年的事情都处在极大的不确定性当中，想要预测未来一二十年，甚至上百年的事情，根本就是不可能的。但是，我又很自信地觉得，我得出的判断一定会比绝大多数在普通饭局上高谈阔论的人预测的更具有参考价值。因为：

第一，我有科学思维，会用逻辑加实证的方式去想问题。

第二，我会花时间做功课，如查文献、找数据、咨询专家团等，绝不会像在饭桌上侃大山那样随意。

第三，我有一个可以大致检验这些预测是否靠谱的工具，这个工具虽然不能百分百地帮助我找到正确答案，但基本上可以过滤掉那些脑洞开得过大、不切合实际的预测。

这个工具是什么呢？就是四个字：技术飞轮。

技术飞轮有两个版本，分别用来检验近未来和远未来的科学技术。我先说说技术飞轮的近未来版本，也就是“技术飞轮 1.0”。

所谓飞轮，就是一个中间薄边缘厚的轮子。这种造型的轮子意味着拥有较大的转动惯量。飞轮一旦转起来，只需要施加很小的推力就能让飞轮转个不停，而且会越转越快。技术飞轮描述了下面这三条法则：

法则 1：科学原理没有瓶颈

一项技术必须有相应的科学研究作为支撑，而科学研究是建立在基础科学理论之上的，只有基础科学理论赋予了这项研究足够的发展空间，这项技术才有可能得到快速的发展。

法则 2：技术应用有市场需求

有了应用的场景，满足了人们的消费需求，才能持续地产生经济效益。技术在应用领域的赚钱能力，决定了技术飞轮能够转多快。

法则 3：资金能解决发展中的主要问题

这项技术发展过程中面临的主要问题是可以用钱来解决的，更多的资金投入意味着更好的服务。那么技术应用赚到的钱越多，就会有越多的钱投入进来，支持相应的研究。资金决定了技术飞轮能够转多久。

如果一项技术具备了技术飞轮的全部三条法则，它就能够像飞轮一样快速转动起来，而且速度会越来越快。

但是，在评估某些科技的时候，技术飞轮 1.0 就显得不够用了。有一些未来必然对人类产生深远影响的技术，虽然在市场上有强烈的需求，未来也一定会获得资本的青睐，但某项关键技术因为卡在科学原理层面，暂时得不到突破。比如现在很火爆的超级高铁、量子计算机，在技术突破上有困难，但同时也有远大的技术前景，这类技术我们该如何看待呢？

这时候，就需要用升级版的“技术飞轮 2.0”来进行分析了。

当我们仔细思考这类技术的时候，可以发现它们都有一个共同点：除了无法准确获知这些关键技术突破瓶颈的具体时间以外，其他的发展都符合“技术飞轮 1.0”的法则，完全有规律可循。

于是，在“技术飞轮 2.0”中，我引入了“技术奇点”的概念。

"奇点"这个词大家可能都不陌生。在提到宇宙大爆炸的时候，大爆炸发生前的那个体积无限小而质量又无限大的点，就被称为"奇点"（在这里念"qí"，意为"奇异之点"）。

需要注意的是，"技术奇点"并不能天马行空地随意设想。能够被称为"技术奇点"的技术，绝不能违背人类已知的物理定律。比如说，你说只要我们能发明一种反重力系统，就能极大地改变人类的航空航天事业，话是没错，但对不起，"反重力系统"可不是我心目中的"技术奇点"，因为它违背现有的物理定律，即使不对时间作出限制，也完全看不到它有任何可以被突破的可能性。

在升级之后，"技术飞轮 2.0"的法则就变成了下面这样：

法则 1：该项技术存在一个将来必然会被突破的技术奇点

"必然会被突破"是这条法则的关键词，这是需要基础科学层面提供支撑的。如果失去了"必然会被突破"的前提，那么科学预测就必然会变成不着边际的幻想。

法则 2：技术应用有市场需求

有了应用的场景，满足了人们的消费需求，才能持续地产生经济效益。技术在应用领域的经济效益，决定了技术飞轮能够转多快。

法则 3：资金能解决发展中的主要问题

这项技术在发展过程中面临的主要问题是可以用资金来解决

的，更多的资金投入意味着更好的服务，那么技术应用赚到的钱越多，就会有越多的钱投入进来，支持相应的研究。资金决定了技术飞轮能够转多久。

以上就是我用来检验自己对未来科技预言准确性的工具。

解释完工具，我再给你举几个例子。在二十多年前，也就是2000年前后，那时候的移动网络刚刚进入2G时代，如果站在当时的角度，可能很难通过直觉预测出20年后的移动互联网络的网速会有数千倍的提升。但是,如果用技术飞轮对移动互联网进行分析，就可以得到相对准确的结论。因为从2G发展到今天的5G，完全符合技术飞轮的这三条法则。

第一，移动网络速度的发展在科学原理上不存在根本性的障碍。

第二，移动网络速度的提升能满足巨大的市场需求，而这些需求又将产生巨大的经济效益。

第三，这些经济收入又会刺激硬件厂商和运营商在基础建设上做更大的投入以取得竞争优势。

你看，当一项技术应用满足技术飞轮的这三条法则时，这项技术就会飞速发展，而且越来越快。

举了一个正面的例子，我再来举一个反面的例子。比如说，有人预测未来十年内，手机的重量会大幅减轻，待机时间会大幅度提升，我对这个预测就会表示悲观。因为在我看来，它不满足技术飞轮的第一条法则，它的科学原理现在还存在瓶颈，而且，我们也无法预测这个瓶颈被突破的时间。这个科学原理就是电池能量密度的瓶颈，也就是说，在同等质量下，电池能够存储的能量总量现在差不多到头了。

我最多只能预测未来充电的速度还可以大幅度提升，但绝不敢预测电池的重量会大幅度降低。但是，别忘了我们还有“技术飞轮2.0”这个工具。如果不考虑时间因素，电池能量密度问题是否必然会得到突破呢？我的答案是肯定的。所以，如果向着更远的未来展望，我对于极高能量密度电池的广泛应用也是极度乐观的，因为这项技术完全符合“技术飞轮 2.0”的三条法则。

讲完了正反面两个例子，我给你留一道思考题：你觉得，如果有人预测，在未来几十年内，人们不用再携带身份证或银行卡，而是在手指皮下植入一个微小的芯片，凡是要刷卡的地方，挥挥手就可以。对此，你是支持还是反对呢？你想想，能不能运用技术飞轮的这三条法则来检验这项预测的可能性呢？

如果你对类似的问题很感兴趣，那么，我会很愉快地告诉你这本书正是你的菜，让我们一起升起理性的风帆，开启一场浪漫的未来科技之旅吧！

未来生活

密码、刷脸、皮下芯片，未来金融业的身份认证会走向何方？

如果我问你，移动支付在我国迅速普及之后，你的手机最重大的改变是什么？你会想到什么？我想到的是“刷脸”，也就是人脸识别。

从2019年到2021年，人脸识别技术在我国的普及速度，远远超出了所有人的想象。

2019年的时候，人脸识别还只是支付宝等金融类App的“专利”。但是现在，不只所有的在线银行和线上购物平台都接入了人脸识别技术，只要涉及实名认证的情境，随时都可能弹出人脸识别模块，用最简便的方式对用户的身份进行验证。

人脸识别在中国就像是验证身份证一样简单，事实上人脸已经成了中国人的第二张身份证。

那么，人脸识别技术将来还会如何发展呢？它会取代我们的身份证，成为首选的身份认证方式吗？

想对这些问题作出预测，不妨稍微把时间倒回去一点，从2019年开始说起。

人脸识别

> 人脸识别面临的隐私风险

2019 年 8 月 30 日，几乎在一夜之间，一款手机换脸娱乐软件成了大家热议的对象，与此同时登上热搜的还有另外一个关键词：换脸的隐私风险。

大家最直接的担心就是上传的照片会不会被用于刷脸认证。不过，支付宝安全中心第二天就作出了明确回应："目前，网上各类换脸软件有很多，但不管换得有多逼真，都是无法突破刷脸支付技术的。"

支付宝的声明是完全有底气的，因为换脸技术和刷脸技术实际上不是一个技术层面的应用，用换脸技术的矛去攻刷脸技术的盾，就像用手机屏幕里的火苗去点燃真实世界的汽油一样，无论怎么努力，都是不可能成功的。

理由很简单，两边要用到的信息量不对等。刷脸技术需要采集的信息量是换脸技术无法全部提供的。更通俗地说，一个是平面的，一个是立体的。换脸技术再怎么发达，永远只能在一个扁平的屏幕上展示一张脸。而稍微高级一点的刷脸认证技术需要采集的是脸部的三维特征，它包含的信息量远大于平面涵盖的信息量。依靠影视换脸技术，是真的没有可能突破金融业的刷脸认证屏障的。

银行的一项重要业务就是帮助客户进行各种各样的货币资产管理，所以，任何银行业务的第一步，都是确认客户的有效身份。这也解释了为什么身份认证技术在金融服务行业中如此关键，成为金融服务行业最为核心的技术之一。

> 身份认证技术分类

总的说来，目前人类掌握的身份认证技术可以分成三类：

第一类是最传统的密码技术；第二类是生物特征识别技术，如指纹、声纹、掌纹、脸部识别等都属于这一类；第三类是数字证书技术，数字证书既可以是虚拟的，也可以是实体的，乘坐地铁展示一个二维码就是虚拟的数字证书，而刷一下公交卡就是实体的数字证书，它们本质上是同一类。

从现在的发展情况来看，虽然刷脸技术普及速度极快，但原来

的密码和数字证书，并没有退出历史舞台的趋势。

我们真正想要探讨的是：未来这三类身份认证技术将会是何种格局？我们从小到大已经习惯了的取款密码是否会被彻底抛弃？生物特征识别技术是否会一统天下？各种证件卡是否会成为历史？每个人生下来就被植入一个芯片的科幻时代是否会在我们的有生之年到来？

现在，我们就拿起“技术飞轮”这个工具，对这三类技术进行分析。

技术飞轮的第一条法则叫作“科学原理没有瓶颈”，所以，我们首先要做的就是敲开技术的坚硬外壳，用科学原理的眼光去审视每一项技术的发展空间。

我们现在办理银行相关业务，不管是在手机上还是去银行柜台，密码依然是我们最常打交道的东西。密码体系最大的风险就是被他人破解。密码被破解有两种情况，一种是因为密码设置得太简单，被别人猜出来了。比如，很多人喜欢用自己的生日当密码，这是风险最高的一种密码形式，它很容易被猜到。毕竟想要知道一个人的生日并不难。还有一种情况就是用数学的方法，即把加密后的密文截获，随后还原出原文。

正因为密码系统有这样的两种风险存在，想让它足够安全，就必须设置复杂的且不能有规律的密码。一般来说，一个安全的密码被要求由八位大小写字母加数字组合而成。这样一来，就带来一个很麻烦的问题，密码一复杂，人的脑子就记不住。实话实说，这种八位数的安全密码我就只能记住两组，很多人记住一组就很不错了。

现代人在互联网上，可能每人都有几十个账号，翻来覆去使用一两个常用组合作为密码，一旦泄露出去，所有的账号都会被破解。况且，即便是自己用熟的六位数字密码，有时候一着急也会想不起来，特别是老年人，一旦忘记密码，那可真麻烦。我相信你还能说出对密码的无数怨念，它是困扰现代人的一大麻烦。

那么，密码有没有继续发展的空间呢？有没有可能从技术上解决让人记忆复杂密码的问题呢？很遗憾，无解。科学原理已经到头了，密码安全性和复杂性的问题是一对矛盾，科学对此无能为力。

> 我们可以不背密码吗？

以密码体系为身份认证核心的时代已经到头了，它一定不可能继续繁荣了，因为它不符合技术飞轮的第一条法则，科学原理已经遇到了瓶颈，而我们对密码的埋怨正在与日俱增，抛弃密码肯定是大势所趋。

但话说回来，大家都想抛弃密码，却不代表我们就一定能做到，想成功和做成功是两码事。

想要抛弃密码，未来有两种解决方案。其中之一是采用与密码差不多同时代诞生的数字证书技术。数字证书说白了就是把密码记在一个小本子上，需要时就拿出小本子看一眼，这样就不用记忆了。这其实就是数字证书的最原始形式。既然可以记在本子上，当然也可以记在电子设备上。比如我们用公交卡乘车，公交卡就是一张数字证书，里面记录了密码，拿着公交卡就相当于记住密码了。我们的二代身份证也是一张数字证书，里面有芯片，可以被读取信息，只要带着身份证，就可以去火车站取票而不用输入订单信息了。

不过，卡片类证书有明显的弊端，就是可能会被忘记携带。这个问题能用技术解决吗？答案是肯定的，当然可以用技术解决，它符合技术飞轮的第一条法则，科学原理没有瓶颈。解决方案就是在人体内植入一个芯片，比如植入在指尖的皮下，或者身体的任何地方，这样一来，就不可能忘带了。需要验证的地方，挥一挥手就可以了。

瑞典一家公司 Biohax 在过去的几年里已经为超过 4000 人完成了皮下芯片植入手术。过程是这样：用一个类似针管的设备，只需要 1 分钟，就能把一个米粒大小的芯片植入人们拇指和食指之间的虎口位置。手术的伤口有三四毫米，伤口不需要缝合，也完全不会影响人们的工作和生活。芯片植入者可以用它来当身份证、信用卡、门禁卡，还可以用来乘坐火车和飞机，甚至可以一劳永逸地免去忘带钥匙的麻烦。

从科学原理上来说，这项技术还有极大的发展空间。芯片还能继续往小做，小到对人体来说可以完全忽略不计。手术的过程也可以变得更加安全、无痛，甚至丝毫感觉都没有。

我们再来看它是否符合技术飞轮的第二条法则：技术应用是不是有市场需求呢？这个答案当然是肯定的，因为我们都不想背密码，人人都想生活得更方便一些，办事效率更高一些。尤其对于老年人，

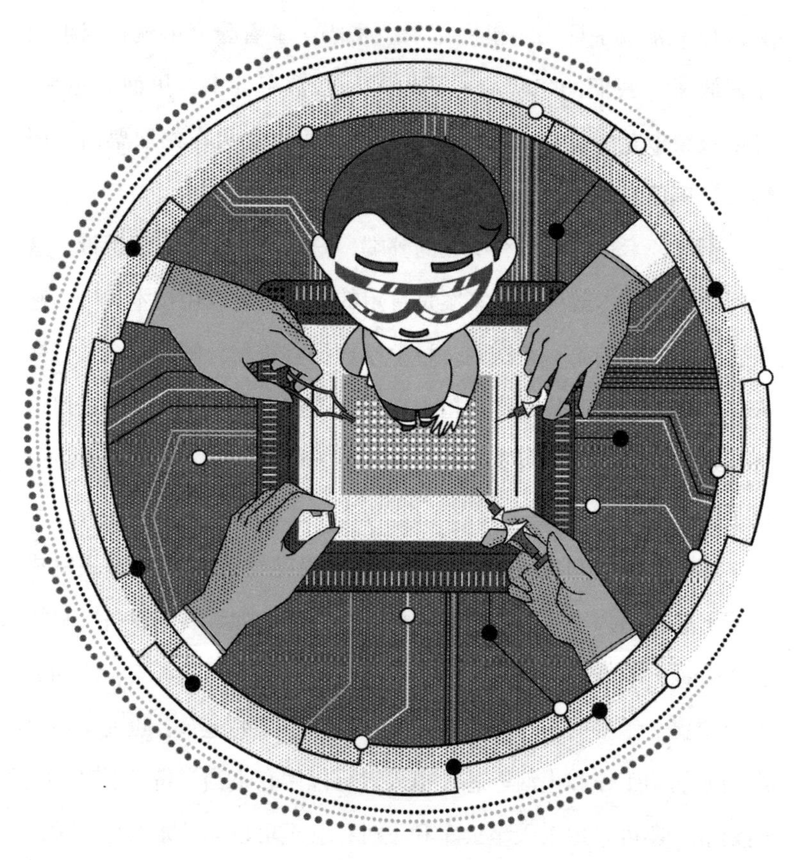

皮下芯片

这能给他们的生活带来巨大的便利。

再来看它是否符合技术飞轮的第三条法则：资金能不能解决发展中面临的主要问题呢？我的回答是：不能。

制约皮下芯片发展的主要问题有二：第一个是技术标准问题，也就是说，芯片中的信息要被外部设备读取，就必然需要有一个读

取协议。比如说，为什么同样是公交卡，上海的公交卡无法在北京的公交站刷卡乘车呢？因为读取协议不同。皮下芯片也是同样的道理，芯片中的信息必须被加密，否则就能被伪造。而加密就意味着必须有解密协议，想要让所有的身份识别设备都能被读取，就必须有一个全球（至少是全国）统一的读取协议，否则的话，你就得植入无数个不同公司的芯片了。这个事情不是光靠钱就能办到的，甚至也无法靠行政命令来实现，它涉及多方的利益博弈，极为复杂。你想啊，连全国的公交卡都做不到统一，怎么指望皮下芯片能轻松实现一卡通呢？至少在未来一二十年内，我看不到有这种可能性。第二个问题关乎人性，在皮下植入芯片，意味着对健康的人进行人体改造，这是伦理问题。对大多数人来说，伦理是一个底线问题，这显然不是靠钱能解决的。

所以，用永久性数字证书的方案来解决未来的身份认证依然不是一个近未来的可选项，这项技术会继续发展，但恐怕不会成为飞轮。因为它不符合技术飞轮的第三条法则，它面临的主要问题无法用钱来解决。

接下来我们来看替代密码的第三种解决方案：生物特征识别技术。凡是人体独一无二的生物特征，都可以用作身份识别，例如指纹、声纹、掌纹、虹膜、长相、DNA 序列等，但为了后面叙述的方便，我就统一用“刷脸”这个大家喜闻乐见、简单易懂的词来指代这项技术。

刷脸系统的漏洞第一次被公众热议是 2013 年的一个案件，黄某被他的司机冒名顶替售卖了自己的房屋。根据新闻报道，北京市

某公证处在审核到场办理公证的手续人是否为黄某时，使用人脸验证系统将到场人员与黄某身份证照片进行了比对，验证分值超过0.6，认定现场办理公证的人即为黄某本人，遂审核通过，并为他办理了公证手续。

如今的人脸识别技术已经取得了更大的进步，同样的事情应该不会再发生了。支付宝的刷脸认证完全可以抵御换脸技术的攻击，但是却无法抵御好莱坞道具团队的攻击。这是什么意思呢？就是说，一张制作精良的人皮面具可以攻破现在大多数手机上的刷脸认证技术。毕竟，我们现在使用的手机大都还是普通的摄像头。

我听过中国科学院自动化研究所生物识别与安全技术研究中心李子青主任的一次演讲，演讲的题目是“捍卫真身！刷脸时代如何破解一张人皮面具就能骗过机器的困局”。他在演讲中说：“目前的技术，对于仿真的假体还是处于有矛有盾的对攻状态，互有胜负。”

面对来自人皮面具的攻击，刷脸认证技术也在迭代。比如现在很多手机配备了红外线摄像头。由于硅胶制作的人皮面具红外线反射率，与真正的皮肤差别很大，通过检测脸部皮肤反射回来的红外线，刷脸程序就能把戴着人皮面具的身份伪造者拒之门外。但是道高一尺，魔高一丈，在另一次对抗中，人皮面具又赢了。

人类的面部特征信息，除了现在已经被数据建模的脸型、肤色、嘴唇、眼距以及五官之间的几何关系以外，还有更多细节特征可以用于身份识别。比如我们的嘴唇、虹膜中都蕴藏着大量独一无二的生物特征信息。有研究表明，单独对人的嘴唇部分进行

身份识别，就能达到超过 90% 的准确度。2018 年，一家名为普林斯顿的生物特征识别公司在迪拜机场的航站楼里部署他们最新的设备。这些设备可以在一分钟内完成一个人双手掌纹、面部特征以及虹膜特征的注册。在安检的时候，同时识别这些特征只需要不到 5 秒钟。

刷脸技术与声纹识别技术是很好的搭档。当我们说话的时候，每个人都会表现出不同的表情，我们的面部肌肉也会发生变化。即使是双胞胎，也不可能在朗读一串字母的时候表现得完全一样。也就是说，最让刷脸为难的双胞胎甄别问题，可以通过声纹和面部表情识别系统共同解决。美国一个研究实验室开发的一种技术，就能利用声音和面部表情动态的数据信息弥补脸部分辨率不足的问题。他们还将红外线摄像机拍摄的图像与普通相机拍摄的图像叠加处理，在一定程度上解决了强光下人脸识别困难的问题。

前面讲了那么多，实际上，都是为了说明刷脸技术还没有遇到科学原理上的瓶颈，技术发展的空间还很大。

再来看技术飞轮的第二条法则：有没有市场需求。这一点我想应该不会有人质疑。生物特征识别技术的应用领域极为广泛，除了最常见的金融领域以外，在商业管理、公共安全、交通及军事等领域也有广泛应用。它也是当今科技投资的最热门的领域之一，所以，持续投资和研发应该也不是问题。

最后，我们再来看第三条法则，这项技术的发展有没有用钱解决不了的问题。

金融密钥

密码有一个很重要的特征，叫“不可否认性”，也就是说，密码被盗，往往是因为客户自己不小心泄露了密码等。但是，如果生物识别发生了错误，不管刷脸不通过还是被伪造冒名，人们都可能会指责银行的系统有问题。因此，银行为了最大限度地免责，宁愿步子迈得小一点，也不愿意使用不够完美的技术增加潜在风险。

银行是一个竞争非常激烈的行业。能否塑造更好的用户体验决定了竞争的成败，在这种情况下，银行折中设计了自己的系统。

它的底层依然基于密码体系，与客户之间的法律约定也以此为基础，但是银行会鼓励用户把自己的密码或者数字凭证交给手机或者电脑，然后由手机或电脑通过刷脸来识别主人，再进行各种银行业务的操作。在未来，几乎已经没有什么业务还需要去银行的柜台办理了。

你可以关注一下现在各大银行的手机 App，它们的刷脸功能，都是与密码结合在一起使用的,就是说在 App 保存了你的密码之后，允许你下次不必输入密码，而是采用刷脸的方式将客户端储存的密码用于验证。这其实并不是刷脸与密码的竞争，更没有淘汰密码，而是刷脸提供了更好的用户体验。从用户的感受来说，密码好像不存在了，但从法律层面上来说，密码体系依然顽固地存在，只有当刷脸技术真正达到完美时，银行业才会彻底放弃密码体系。

> 畅想未来的身份认证技术

讲到这里，我就要对未来二十年内，金融业中的身份认证技术作一个理性的预测：未来，密码体系依然会长期存在，在生物识别失败的情况下，我们依然可以用密码来作为备用。但以刷脸为代表的生物识别技术会得到快速的发展，一个不需要携带钱包和证件，走到哪里都只需要刷脸的时代正在快速向我们走来。

5G 会如何改变我们的生活?

要谈未来科技，5G 是绕不过去的话题。

截至 2022 年底，我国 5G 基站共有 231.2 万个。2022 年全年，中国新建 5G 基站 88.7 万个，全国 5G 移动电话用户达到 5.61 亿户，占移动电话用户的 33.3%。而在投资方面，三家基础电信企业和中国铁塔股份有限公司在 2022 年的 5G 投资额达 1803 亿元。

在过去的几十年，普通人的生活方式发生过两次巨大的改变。第一次改变是在 2000 年前后，互联网走进了每一个普通人的生活。第二次是在 2013 年前后，我们来到了智能手机和移动互联网时代，从此，人们不怕丢钱包了，只怕丢手机。

有人说，类似这样的巨大改变，下一次一定会发生在 5G 时代，“万物互联”时代会真正来临。即使这样，关于 5G 的反对声音依然很多。在这一节里，我会讨论两个话题：第一，我要告诉你为什么 5G 的发展符合技术飞轮的特点；第二，我想预测一下半数人开始过上 5G 新生活的时间点大约在什么时候。

在移动通信领域，每推出新一代技术，都意味着一次革命性的技术改变。

5G

理解 5G

按照一般人的理解，5G 作为新一代的无线通信技术，最主要的特点可以用九个字来概括，即是“速度快”“并发高”“延迟低”。这样的理解不能算错，但肯定是不全面的。世界各国都有 4G 网络，速度却很不一样。网速最快的新加坡，可以达到 46.6MB/s，但是印度的 4G 网络，平均就只有 6MB/s 左右了。

我们需要回归到科学原理的层面理解 5G。所有的移动通信都

是基于电磁波进行通信的，电磁波的波长乘频率等于光速。因为光速恒定不变，所以，知道了波长就等于知道了频率，反之亦然。因此在我后面的讲述中，不管我说的是频率还是波长，其实都是等价的。你只需要记住一点：波长和频率成反比。

5G 称得上是新一代无线通信技术，其最核心的技术叫作超密集异构网络。这是一种全新的移动通信网络架构，可以允许 5G 在超高频的毫米波波段工作，同时可以确保以 4G 时代的十倍密度部署基站而不会出现频谱干扰现象。更通俗地讲，5G 就是能够扩展到更高频的通信波段，能够利用更大的网络带宽，能够把基站建设得更密，也能够把天线建设得更密集而不会产生干扰现象。只要把握住“超密集”这三个字，就能理解 5G 的优势了。“速度快”“并发高”和“延迟低”这三个特征，都与“超密集”的架构有关。

>4G 的瓶颈

随着基站和天线密度的增加，同频干扰现象越来越严重，速度再也上不去了，这就是 4G 网络在科学原理上的瓶颈。

新一代移动通信网络这个称号，是由 5G 全新的底层架构所决定的。这个架构就意味着 5G 突破了 4G 的瓶颈，在科学原理上有很大的扩容空间。所以说，5G 技术符合技术飞轮的第一条法则，科学原理不存在瓶颈。

技术飞轮的第二条法则是有没有充足的市场需求。根据 2018

年《中国宽带速率状况报告》中的数据，中国联通的 4G 平均网速达到了 20.42 MB/s，很多人都觉得，以这个速度看电影、听音乐，已经是绰绰有余了，5G 是不是个伪需求啊？

这里我要告诉你，这真的不是伪需求。比如说，有些经济发达地区的网友就抱怨说："为什么 4G 发展了这么多年了，没见速度提升，反而还越来越慢了？"这种网速变慢的感觉，还真的不是幻觉。越是人口稠密的地区，这种情况就越明显。因为一个 4G 基站的带宽，是要平均分给所有用户的。现在流量资费越来越便宜了，还有很多包月的策略，很多用户就干脆不用 Wi-Fi 了，直接用流量看视频，这样一来，带宽一下子就不够用了。

那么，到底是什么制约着带宽呢？通俗地讲，带宽就是一个无线电信号用到的最高频率和最低频率之间的差。带宽越大，无线电波能够承载的数据量也就越大，这也就意味着网速越快。比如说，中国移动 4G 频率，其中的一个频段就是 1880 ~ 1900 兆赫，这个频段就有 20 兆赫的带宽。频段决定了，带宽就没办法扩展了。如果想要增加带宽，那就必须再开辟一个新频段才行。事实上，中国移动在 4G 通信就获得了 3 个不同的频段，除了刚才说的，还有 2320 ~ 2370 兆赫以及 2575 ~ 2635 兆赫，这三个频段的总带宽是 130 兆赫。对于中国移动来说，这就是 4G 通信的带宽瓶颈。

从信息传输的效率来讲，4G 的传输效率也已经逼近了理论极限，难以进一步提升了。这个理论极限叫作"香农极限"，这是信息论的基础理论，它描述了一个信道在一定的干扰环境下能够传输数据的最大速率。所以，从 4G 的编码技术层面来看，也几乎没有什么提升空间了。

除了带宽问题，4G 面临的另外一个痛点就是并发数问题。如果你去体育比赛或者演唱会现场的话，一定会有这样的体验："为什么体育场里的网络信号这么差呢？连个朋友圈都发不出去。"其实，散场之后就会发现，体育场里的网络信号一点儿都不差，别说发朋友圈了，就是看电影速度都是嗖嗖的。刚才网络不好是我的幻觉吗？当然也不是。那是因为负责体育场这个区域的手机基站支持不了那么多人同时连接，所以被挤得暂时罢工了。

目前解决这种临时出现的通信拥堵问题的唯一办法，是让移动运营商提前按照会场的人数临时部署车载移动基站。

>5G 与万物互联

除了希望改变网速变慢和通信拥堵这两个很明显的民用需求以外，还有一个推动 5G 商用化的巨大力量，那就是万物互联的需求。实际上，普通老百姓听到 5G 首先想到的肯定是手机，但是 5G 从业人员听到 5G 很可能首先想到的不是手机，而是 IoT，也就是万物互联。

万物互联的低端版本名叫"物联网"，水电煤气公司可以远程查看用户家里的电表、水表和燃气表，然后在支付宝上给我们发放电子账单，这就是物联网最贴近生活的应用。现在，智能音箱、互联网电视这些家电已经非常常见了，那些可以远程开关电灯、空调之类的设备也早已失去了新鲜感。

万物互联

以上提到的这些物联网应用，无一例外只是把设备本身连入了互联网而已，它们仍然有一个控制中心。这个中心，要么是一个人，要么是一个能暂时替代人的软件。这些设备之间其实并没有互联。什么叫真正的互联，用交朋友来打比方，如果我通过你认识一位新朋友，我只需要向你要来新朋友的微信号，然后加他好友，以后的事儿，就再也不需要你从中联系了。这样才是我和这位新朋友产生了互联。

同样的，5G 技术就好比允许所有的联网设备互相加个微信，或者拉一个群。联网的设备们可以凑到一起商量一下，看看怎么能把一件事儿做得更好。这个模式就是万物互联。

万物互联最典型的例子莫过于自动驾驶了。

想象一下，如果一辆自动驾驶汽车需要变更车道，而目标车道上又匀速排满了其他车辆，它就必须与目标车道上行驶的车辆打个招呼，等其他车给这辆想要并线的汽车匀出一块地方，它才能开进来。现在，我们是通过打转向灯这种方式来向后方车辆传递自己想要变更车道的信号的，如果换成自动驾驶该怎么处理呢？采用老式的中心化调度车辆方法，比如依靠现在流行的打车软件来控制，就需要发一个请求给控制中心，然后再由控制中心协调目标车道上的汽车略微减速，从而给需要变更车道的汽车空出位置来。但是，发往控制中心的信号，一来一回就要花费几百毫秒，对于一辆时速 120 千米的汽车，1 秒钟就意味着几十米的距离，由此带来的安全隐患是自动驾驶所无法接受的。

如果借助 5G 网络，每一辆联网的汽车都可以不通过控制中心中转，甚至不通过 5G 基站，就能与身边的车辆保持实时的通信联系，每次通信，只需要一毫秒就完成了。你会听到这样一种说法，如果自动驾驶实现了，就再也不会有堵车和交通事故了，支撑他这个观点的技术原理就是万物互联技术。

说实话，目前我们正在应用的 5G 技术，还远没有到“万事俱备，只欠推广”的地步，还有很多实用性的难题等待解决。5G 之所以在现阶段轰轰烈烈地开展民用化，真的是实实在在的需求驱动的。

所以，5G 并不是伪需求，它符合技术飞轮的第二条法则。

再来看第三个问题，5G 目前面临的主要问题是不是能用钱解决,答案是肯定的。制约 5G 发展速度最大的问题恰恰就是资金问题，因为无线通信依赖基础建设，是先投入后产出的。

中国工程院数字通信科学家邬贺铨院士提供过一个数据：中国在过去的 6 ~ 7 年里，花在 4G 建设方面的投资大概是 7000 亿元到 8000 亿元，相当于运营商每年投入 1000 多亿元。

三大运营商共同控股的中国铁塔公司的数据表明，截止到 2019 年第一季度末，上海市共建成 4G 基站铁塔 2.6 万个。如果需要对 5G 设备进行大范围推广，所有这些铁塔都不需要重建，只需要进行比较简单的供电改造，再把 5G 设备挂上去就可以了，这是推广 5G 比 4G 有优势的地方。

我国的 5G 网络目前是在 3300 ~ 5000 兆赫之间的频段工作的，这是一个很高的频段。但是，频率越大，衰减就越厉害，基站与基站之间的距离就必须缩短。如果想要达到与 4G 相同的网络覆盖率，5G 基站密度将是 4G 的三倍左右。也就是说，如果想要 5G 信号在上海市实现全覆盖，大约需要建设 7.8 万个 5G 基站。

当然，这些新增的基站并不一定要新建铁塔。因为 5G 设备发射信号的波长更短，根据物理定律，波长越短就意味着天线可以做得更小，毫米波允许把天线阵列做得很小而没有干涉现象发生，发射设备也比 4G 设备要小巧得多。城市里的红绿灯、路灯、监控杆以及小区楼房的屋檐下都可以悬挂 5G 基站，这也是我们能够以超快速度推进 5G 建设的原因。

除了这些发射功率较大的基站，5G 还有一种专门用来解决建筑物内网络信号问题的微基站。现在已经开通的上海火车站内的 5G 试点，就是由几十个微基站组成的信号网，其部署的难度并不高，只用了很短的时间，就投入了运行。

虽然我们总听到某个城市动辄就要建设几万个 5G 基站，听起来工程浩大，实际上难度还是在三大运营商的能力承受范围之内的。我国的人口数量是世界的五分之一，但我们拥有 4G 基站的数量占了世界的二分之一。相比于 5G 面临的其他阻碍，基站的建设速度是远超过计划和预期的。

分析至此，我们可以得出结论，5G 的技术飞轮已经形成闭环，开始转动，这个飞轮也必然会越转越快，再也停不下来了。

很多人总是习惯用下载速度来判断 5G 时代是否已经到来，这其实是非常业余的想法。

在新闻中看到关于 1 秒钟下载一部高清大片的报道，都是在实验室理想状态下的测试，所有的带宽都分配给一部手机用，那当然快啦，但一旦投入民用，那就是无数的手机一起使用，并且我们目前试点的 5G 网络都是非独立组网的网络，工作频率也并不是在理想的 24 千兆赫的波段。但我想说，其实 1 秒钟下载一部大片的事情根本就是一个伪需求，网速快到了一定程度后，就不再需要本地存储影片了，所有的服务都是云服务。

实际情况是，我国并没有直接使用带宽充足的毫米波来推广 5G，而是采用了逐步升级的策略，这是因为：

第一，在现在的厘米波频率上，我们能够充分地利用现有4G网络的基础设备，快速推进5G信号的覆盖，这是投资最少、见效最快的方案。

第二，我们的毫米波频率，目前被一些特殊的用途占用，比如航天项目、高空探测项目和射电天文研究等。如果想把一整块带宽资源都拿出来供给5G通信使用，国家也需要充足的时间去协调。

第三，我们的毫米波商用设备其实还不够成熟，比如说用在基站上的毫米波天线，现在仍处于试验阶段。毫米波绕过障碍的能力很差，会受到降雨、雾霾天气的严重影响，很多问题还有待于技术上的突破。

> 畅想5G时代何时能走入每一个人的生活

下面就是本节的重点，让我们从5G的诞生开始讲起，看看20年后的5G会是什么模样。

最初，身处于5G试点区域的人，可以体验到令人惊艳的上网速度，因为这时候与你分享带宽的人很少，网速自然就快。这件事情现在正在发生。

随着5G网络覆盖面积的增大，用户数量也会急剧上升，带宽分享肯定会带来网速的下降，虽然这时候的5G网速还会比4G时代快得多，但已经谈不上惊艳了。

再后来，有50%的用户升级到5G网络，这可以定义为5G网络完成全覆盖的重要时间节点。

在5G的普及过程中，会有一种神奇的智能硬件诞生。与现有的智能硬件不同，新款的智能硬件将会自动连接5G网络，不再需要Wi-Fi的支持，它们默认就是联网状态的。这些智能硬件的厂家早已与运营商签订了协议，它们将终生免费使用5G网络，无需用户为它们缴纳网费。这种硬件会在五年后大量出现，它们的应用领域也层出不穷。到那个时候，大多数人才会意识到，原来5G不等于手机。

很快，你还会发现一些厂家的配套家电之间会支持自动通信。比如，你的空调可能会在开启前帮你把窗户关上，或者你的冰箱会把鸡蛋从电商网站加入你的购物车里，你的健康手环和体重秤也不再与你的手机通信，它们会直接把数据上传到云端，交给人工智能健康管家去管理。如果你家里所有的家用电器选购的都是同一个品牌，那么它们很有可能做出一些更有想象力的事情。这件事情在未来五至十年之间会逐渐呈星星火燎原之势。

五年后，在一些公共场所，比如体育馆、火车站和飞机场等人员密集的场所，你会发现上网速度比你的家里要快上几倍甚至十几倍，这是因为毫米波5G已经在这些需求最高的地方逐渐普及了。十年后，只要在有公路的地方，我们就可以享受到来自路灯灯杆上的毫米波5G提供的超高速网络。

令人无限期待的完全无人值守的L5级智能驾驶技术很可能会在十五年以后才能逐步走向实际应用。自动驾驶技术比家用电器推广困难的地方不仅仅是技术细节，更有两个巨大的阻碍需要突破。一个是通信协议上的统一，只有所有的汽车厂商都遵循这个协议，自动驾驶汽车才能在路面上完成通信和协作。另一个问题是新老汽车的交替，这必然是一个漫长的过程。

计算机科学家吴军博士曾经预言，工作在物联网设备上的芯片需要更低的能耗，同时也需要一个更加轻巧的操作系统与之配合，这将会诞生另外两个巨型公司。在互联网时代，这两家公司是微软和英特尔；在移动互联网时代，这两家公司是谷歌和安谋（ARM）；在万物互联的时代，5G 已经开始全面融入普通人的衣食住行，经过激烈的竞争之后，两个新的互联网巨头将会初露端倪，商业江湖的格局也将重新洗牌。

关于 5G，我非常喜欢邬贺铨院士的那句话："4G 改变生活，5G 改变社会。"

在后面的章节中，我提到的未来科技，多多少少都需要运行在 5G 的框架之上，5G 就像一条快车道，正在把周围的一切加速引向未来。

未来的学校教育会变成怎样?

谈未来科技对社会和生活的改变，有一个话题是绕不过去的，那就是:教育会如何为科技所改变?我们经常说“科教兴国”,可见，对于一个国家来说，科技和教育向来是并列的头等大事。

初看上去，未来教育行业发展空间巨大，例如AR、VR技术带来的全新学习体验，五花八门的电子书包、电子教鞭，人工智能对教育的变革，以及各种各样新颖的在线教育模式。

当我仔细考虑时却发现，如果把时间限定在未来20年内，几乎前面提到的所有可以应用到教育行业的前沿科技，都难以通过技术飞轮的检测。我认为，这些充满科技感的教育形式，在小范围的试点内可以运行得很好，但是，它们很难普及到全社会，很难变成学校教育的主流。

在“双减”政策出台之前，各种在线搜题、在线辅导、思维拓展类的App简直层出不穷，而这些各式各样的教育类应用，到了学校课堂上，竟然变得全无用武之地，这到底是什么原因呢?

当我静下心来，仔细回顾30年来学校教育发生的点滴变化，我发现我忽视了一个最容易被看到，但又最容易被忽视的东西。

它就好比是房间中的大象，人人都看到了，但似乎又为每一个人所轻视。其实它一直不断地在被科技改变，而它的影响也是无比巨大的。

不知道你想到它是什么了没有？我现在告诉你答案，它就是黑板。这才是未来科技能够广泛影响课堂教育的触手，它才是未来学校教育变革的核心。

>黑板之于课堂教育的意义

在正式展开我的论述之前，我想跟你一起回顾一下历史。

若干年前，很多人都认为，基于AR、VR技术的远程教育以及各种新潮的电子书包、学习软件和在线学习社区，肯定能在不久的将来，让教育行业产生翻天覆地的变化。

但是，他们可能不知道，早在1913年，发明大王托马斯·爱迪生在《纽约时报》上就发表过类似的观点。爱迪生当时是这么说的："学校里不久就会废弃书本……我们可以借助影片来教授人类知识的每一个分支。我们的学校体制将在10年之内发生彻底的变化。"

如今，距离爱迪生提出他的观点已经过去了一百多年的时间，教育行业可以使用的技术也早已日新月异，但学校的教学体制似乎并没有发生太多改变。这是一个很有趣的现象。

德国是世界公认的公立教育办得最好的国家之一。对于大多数德国的年轻人来说，智能手机、平板电脑和笔记本电脑都是日常生

活的标准配置。德国的多数学校也与中国一样，会禁止学生在课堂上使用手机和平板电脑等电子设备。

2009 年，德国的研究人员针对 4.35 万名德国中学生展开调查，8 至 13 年级的学生每天使用各种屏幕时长平均达 7.5 小时之多，这甚至超过了孩子们每天睡眠的时间。德国脑科学专家曼弗雷德 · 施皮茨尔在他的著作《数字痴呆化》中指出：电子设备可能会导致严重的注意力涣散和大脑机能衰退，从而让我们陷入比老年痴呆症更严重的麻烦。

现在，这类研究已经深得公立教育机构的认可。在各类学习软件和教育电脑风行全球的同时，公立教育机构却对这些新生事物表现得相当漠然。这也让公立教育成了一个新科技最难以影响的领域。

但是，只要仔细观察就能发现，学校并不是拒绝所有新科技的。黑板这件古老的设备，就一直在不断地更新换代，而且每一次迭代都深受老师和学生们的欢迎。

公立教育机构之所以排斥各种新科技，是因为这些科技不管有多先进，都或多或少分散了学生的注意力。一些有经验的老师在介绍教学经验的时候表示，课堂教学的过程中，一定要尽可能地减少让学生自己翻书的时间，让学生的注意力保持在老师身上。你看，即便是学生随意翻看课本，都有可能分散注意力，那就更别提智能手机和平板电脑了。那些功能强大的文具盒、造型可爱的橡皮以及色彩鲜艳的练习本也都是学校老师担心的对象。

但是，黑板是一个完全不同的设备。黑板的技术含量越高，就越容易帮助老师管理好学生的注意力。想象一下我们观看演讲时的体验，绚丽的大屏幕，震撼的技术效果，不仅不会分散听众们的注意力，反而会令听众更能抓住演讲者传递的信息和情感要点。

如果我们能够利用好新科技，把古老的黑板武装到牙齿，帮助老师把学生的注意力抢夺回来，那将会是学校欣然接受的事情。

教育的本质就是信息传递的过程。回归教育的本质，对教育有价值的技术可归类为两种，要么有助于老师管理学生们的注意力，要么有助于教学信息的传递。

最初的黑板，真的就是漆成黑色的大石板。直到19世纪初，随着人工水泥的发明，切割岩石制造黑板的历史才宣告结束，水泥黑板成了一种更经济的选择。我读小学的时候，教室的黑板还是水泥黑板。

沿用至今的现代黑板是在20世纪60年代发明的。它是在钢板上涂上坚固的绿色搪瓷材料后制成的。有些人可能会好奇，为什么叫作黑板的东西会是绿色的？从黑色到绿色的改变，是因为绿色黑板上的字迹更清晰，也容易被擦除，很快就受到了学校的欢迎。

再后来，又出现了可推拉和可折叠的黑板，这类黑板可以利用有限的空间书写更多的信息，有助于信息传递。这些改变一直沿用至今。

黑板的第一次重大升级，并没有发生在黑板本身，它是以一种黑板外挂的方式出现的，这就是投影仪。我上学的时候，还没有能连接电脑的投影仪，一个年级只有一台笨重的幻灯机，偶尔上课需要用幻灯机的时候，要派两个男生去抬到自己的教室，反复调焦后才能使用。我估计与我年龄相仿的读者，都会有相似的记忆。

根据国家统计局的数据，近年来，财政部对教育领域信息技术的投入一直在稳步增加。从 2013 年的 1959 亿元增加到 2021 年的超 4000 亿元，按照这样的增长率计算，到 2025 年国家投入的经费预计将会超过 5000 亿元。而这笔资金的主要用途，就是升级教室内的投影设备。我去过很多中小学开讲座，其中不乏非常偏远的西北、西南小镇，但我看到，几乎无一例外，每个教室中都配备了投影仪。

一份来自清华大学的调查报告——《中小学教师投影仪使用现状》中说，有 80% 的教师每周会使用 2 ~ 3 次投影仪，其中有 34% 的教师每天都会用到投影仪。可见，在现在的中小学教育中，投影仪的普及率是非常高的。这个数据证明，投影仪是真正意义上的第一个改变教育的 IT 产品。

为什么投影仪会被迅速普及？我认为最主要的原因是投影仪帮助老师管理了学生的注意力。

在没有投影仪的时代，当我们学到一些公式、图形或者大段的文字知识时，老师常常会让学生把书翻到某一页，学生一边看书，老师一边在讲台上讲。有经验的老师都知道，这是学生注意力最容易开小差的时候。这时老师的注意力集中在书本上，不太容易关注到学生的动向，学生则可能因为没有跟上老师的进度而分散注意力，也可能因为老师无暇关注他们而溜号去干别的事情。如果所有重要的内容都显示在投影仪上，那么学生就必须抬起头来看老师和黑板。你千万不要小看这一点点姿势的改变，它对提升课堂教学效果的影响是巨大的。

但是，投影仪有一个很大的缺点，就是当教室光线比较明亮的时候,会看不清楚。投影仪灯泡的使用寿命通常在1500～3000小时，考虑损耗的话，其实成本不低。投影仪是依靠白色的投影幕布反射光线而成像的。为了能够充分反射光线，白色就是最简便易行的解决方案，但白色幕布的最大问题，就是显示图像的时候对比度不够高。我们可以通过增加投影仪灯泡的亮度来增加画面的亮度，但是我们却没有办法创造黑暗。

所以，投影仪技术已经触及了它的科学原理层面的瓶颈。无论我们如何提升投影仪的技术水平，都不可能让白色的投影幕布显示出黑色来。市场需要代表新技术的产品来突破投影仪的瓶颈，而这个新产品，你们都不陌生，那就是液晶电视。

就像液晶电视已经取代了传统的显像管电视一样，液晶电视也正在取代教室中的投影仪。它最大的优势是即便教室非常明亮，液晶屏幕也能显示出清晰的画面，这简直就像是专门为教学准备的一样。目前阻碍大多数学校从投影仪升级到液晶电视的原因依然是价格问题。但是，这很快就不会成为问题，随着巨大需求的释放，大工业化生产将使得液晶产品的价格持续降低。

液晶屏幕的价格取决于生产成本，液晶屏幕的生产线是用世代来进行划分的，这个世代的高低并不是指技术水平，它指的是液晶屏幕玻璃基板的尺寸。能够生产的玻璃基板的尺寸越大，生产线的世代就越高。

现在100英寸的液晶电视之所以已经显得相对便宜，就是因为这么大尺寸的液晶电视，只要8.5代生产线就可以生产了，但110英寸的液晶电视，必须10代生产线才能做得出来。1个10代生产线的投资大约要400亿元。新生产线的成本还没回收，当然价格就会比较贵啦。

了解了液晶生产线的知识后，我们就可以非常有把握地预测，液晶屏幕会越来越大，价格也会越来越低，这已经是正在发生的事实。随着生产线的不断升级换代，液晶屏幕的价格必然会继续保持跳水式的下降趋势。

而液晶屏幕取代投影仪，对黑板来说是一次真正意义上的升级换代，钢化搪瓷黑板也终将成为历史。现在的100英寸液晶电视，刚好与半块黑板的尺寸差不多。两块100英寸的液晶电视拼接起来，就能构成讲台上的一整块黑板了。不开启屏幕的时候，我们就可以直接往液晶屏上写字，完全不影响黑板现有的功能。黑板颜色很可能从绿色再一次地变回黑色。

越做越大的液晶电视，依赖的是生产工艺的积累，而不是技术革新，所以在科学原理上没有瓶颈。除了学校，还有大量的会议室、报告厅、演播室以及电影院对超大液晶屏也有着旺盛的市场需求。所以，技术飞轮的第二条法则，液晶电视也是完全满足的。目前，我们还看不到液晶电视这个领域有什么用钱解决不了的问题。所以，超大液晶电视的技术飞轮，早已经是快速转动着的了。不仅仅是教室里的投影仪，所有的投影显示设备都彻底被超大液晶屏幕取代的未来很快就会到来，我们不妨把新一代的黑板称为触屏黑板。

触屏黑板带来了一个很重要的改变，那就是彻底淘汰了黑板的老搭档——粉笔。老师们再也不用担心粉笔末影响健康了，而一项有着古老传统的校园劳动“擦黑板”也将随着新技术的应用而成为历史。

我认为，这是教育领域中的房间大象，它正在发生，但是却被大多数人忽视。那么，5G 时代来临后，对教育影响最大的产品是什么呢？在我看来，既不是 AR、VR 眼镜，也不是人工智能产品，更不会是什么更加先进的平板电脑。我说出来，它或许在你的意料之外，但会在情理之中。

答案就是：一块接入互联网的触屏黑板。

> 畅想未来教室里的数字革命

或许你会觉得，接入互联网这难道不是十年前就已经完成的教室升级吗？

那我只能说，你对中国的国情还是缺乏足够深的认识。我不否认，差不多十多年前，几乎所有的学校都接入了宽带，在大城市，也几乎每个教室都会有一根网线。理论上，每个教室中的电脑都是可以上网的。但是，这仅仅是理论上，真实的情况是，在教室中上网，尤其是在上课的过程中享受互联网宽带，对于绝大多数教师来说，依然只是一个存在于理论中的东西。

原因其实很简单，就是现实中的网络状况并不理想。我们平常刷手机的时候，发现某个链接打不开，或者某个视频播放时卡顿，

这算不上什么大不了的事情。但是每一位当过老师的人都清楚，课堂上的时间，每一秒钟都非常珍贵，如果点了一个链接没有反应，或者某个网页崩溃了，那绝对是要影响教学进度的。所以，几次糟糕的体验后，就会让老师彻底拒绝用教室中的电脑上网。

当一块内嵌操作系统的触屏黑板接入 5G 网络后，学校的教室才会迎来真正的数字革命，今天被我们津津乐道的那些听上去不怎么神奇的功能，比如远程上课、异地互动等，才能得到真正的普及，而不是偶尔在电视新闻上看到的景象。从 2019 年底开始的三年疫情，加速了这个进程。

我估计还需要 5 到 15 年，触屏黑板才会逐渐普及到中国的每一间教室。触屏黑板作为一台物联网设备，终于真正地接入了互联网。比起其他的技术进步来说，黑板可以上网，确实显得有些姗姗来迟。

触屏黑板最初的联网，其实并不是为了网络授课，而是用来远程传输课件。但 5G 时代的到来，使得老师们的课件只需要存储在云端。上课时使用课件，也并不需要事先下载，而是直接打开。

在 15 年后的某一天，触屏黑板终于完成了基础的普及工作，超过一半的学校，都已经用上了新型的智能触屏黑板。

随着触屏黑板的普及，在人工智能的辅助下，一些有趣的触屏黑板辅助应用会被开发出来。比如说，几何老师在黑板上随手就可以画出标准的圆，还可以轻松地选取线段的中点，或者创建临时的辅助线；地理老师随手就能画出标准的地图，并在准确的位置上标注出城市或者山川，老师传达信息的丰富程度和准确程度都会极大

可以联网的触屏黑板

地提升；准备在课堂上播放的视频素材，以图标的形式显示在黑板边缘，只要拖拽到黑板中央就可以轻松地显示在大屏幕上……

在这个时代，一位精通触屏黑板的老师，就像一位魔术师，在课堂上表演着自己精心准备的知识魔术。毫无疑问，这样的老师就是全班同学注意力的焦点，是学生的偶像。

公立教育的课堂，也终于真正地走进了多媒体时代，以前的多媒体教室在功能强大的触屏黑板面前显得毫无吸引力。由于触屏黑板是只有在学校才会见到的黑科技，孩子们的课堂注意力被最大限度地管理起来，知识传播的效率再一次大幅度提升。

此时的黑板已经不是单纯的黑板，它更像是一个汇集优质教育资源的开放平台，在这个平台上，将会有更多有趣的教育产品涌现出来。

在更远的未来，每一个知识点的讲述都会在黑板上被重新设计许多遍，直到打磨出一套最容易被理解领会和学习过程最轻松的学习组件为止。这些优秀的知识组件，会逐渐地拉平各个学校的教学水平。名校与普通学校之间的差距将越来越小。而站在讲台上的教师，则更像是一位演讲者，他将负责全班同学的注意力管理，并控制着知识传递的节奏。

教育资源的公平性这个古老的问题，很可能就为这块 5G 触屏黑板所真正解决，无数教育工作者一辈子的理想将得以实现。

无论未来的科技变成什么样子，教育的本质都不会改变。

黑板作为老师传递知识最重要的工具，永远都不会停止进化。但我们可以知道的是，更高效地传递知识和管理课堂上的注意力，就是黑板进化的方向。

我们离天天吃人造肉还有多远?

俗话说，民以食为天，既然这本书的主题是带你体验一下未来，那么“未来人类怎么吃”这个话题绝对不能少。在这一小节，咱们来聊一聊未来会发生在我们餐桌上的一件大事儿，那就是人造肉。

如果这个话题在几年前提出来，那么无论是国内还是国外，人造肉都是一个不太招人喜欢的词。在很多人的印象里，人造肉听起来就有些劣质、廉价，甚至是伪造的意味。除非是为了照顾从不吃肉的素食者，否则为什么放着真正的肉不吃，要吃人造肉呢？但是最近，这个话题的舆论导向正在发生着逆转。人造肉概念不仅频频登上媒体的头条，成为人们关注的热点，人造肉的相关产业也已经如火如荼地开展起来了。

比尔·盖茨一直以来都是人造肉的支持者，他在自己的博客中写道：“经济增长让更多的人吃得起肉，这是个好消息，但坏消息是，到 2050 年，我们需要的肉类供应会比 2005 年提高一倍，但我们已经没有那么多土地用来放牧了。”

不欢迎人造肉的人肯定会反驳说：“哪里有那么夸张？世界各地没有人居住的地区太多了，都利用起来，多放牧一些牛羊，不就

什么都解决了吗？这个人造肉，估计是无良商家们炒作出来的伪需求吧。”

如果你也有同样的怀疑，那咱们就用数字说话，一起来看看真实的情况到底如何。

> 全球肉类的供需现状

根据联合国粮农组织提供的数据，现在全球可用的牧场面积约有3000万平方千米，如果排除青藏高原这种不适合牲畜生存的高海拔牧场，再排除受气候影响而无法全年放牧的牧场，实际剩下的优质牧场只占40%，也就是1200万平方千米左右。现在全世界有14.68亿头牛，按照美国农业部的可持续发展建议，每平方千米的土地上只建议放牧125头牛。这么算起来，全世界的牛就需要占去1100万平方千米的牧场，如果到2050年人类肉类消耗量真的会增加一倍，那么比尔·盖茨提到的牧场不够用的问题，还真就不是夸张，这就是人类近在眼前、亟待解决的大问题。

如果我们把通过放牧来生产肉类看作是一项技术的话，放牧技术的飞轮以前确实是快速旋转着的，但是现在，这项技术遇到了用钱解决不了的问题。牧草生长速度受到日照水平的制约，牧场的总面积又有限，通过放牧来生产肉食的技术确实已经遇到了瓶颈。畜牧学专家已经研究出很多种科学放牧的方法，就是为了能够让同样面积的草场承载更多的牛羊。即便如此，现在很多地区的牧场承载量都已经饱和了。如果强行放牧更多的牛羊，不仅无法生产出更多的肉类，还会破坏生态环境，让生产无法持续。

另外令人担忧的是，牛羊这类反刍动物在打嗝和放屁的时候会排出大量甲烷。甲烷是一种温室气体，在《京都议定书》规定控制的六种重要温室气体中，甲烷名列第二，第一名当然是二氧化碳。据《科学》报道，食物气候研究网在2017年发布的一份报告称，畜牧业的碳排放占全球总量的14.5%，是绝对的碳排放大户。

这样看来，通过放牧来生产肉类，的确不是一条可以持续发展的道路。如果找不到生产肉类的新方案，我们恐怕就只能坐等肉制品价格飙升了。2019年到2020年持续飙升的猪肉价格，相信你已经深有体会了，虽然养猪并不需要占用牧场，但是饲料生产也是需要占用土地的，我们需要种植饲料作物来满足肉类生产，从资源配给的角度看，是同样的逻辑。猪肉价格的上涨，可以让我们提前体会一下肉类生产水平跟不上我们的消费水平导致的后果。

那么，我们为什么非要吃那么多肉呢？答案其实很简单，对肉的渴望是写在我们每个人的基因中的。

为了能够吃到肉，从古代起，人们就发明了很多模拟肉的素物。考古学家在距今两千多年的汉代墓葬中找到了记录豆腐制作工艺的绘画。北宋学者陶谷的笔记中专门提到豆腐干在唐代曾经被人们称作“小羊肉”。这就说明，豆腐在我国不仅仅是一种豆制品，更是很明确地作为肉类的替代品而存在的。按照学者的考证，中国的另外一种古老的食品“面筋”，也是一种肉类的替代品。

但是，豆制品做成的肉，是无法取代真正的肉的。偶尔去素食饭店吃一次豆腐干模拟的鱼香肉丝会觉得很好吃，但是，如果每天都吃豆腐干，你很快就会想吃真正的肉了。

关于豆腐和肉，有一个很著名的段子：

“我最爱吃的就是豆腐了，对我来说，豆腐就是我的命。”

“那你不爱吃肉吗？”

“嘿，看见肉啊，我连命都不要了。”

这个段子说明豆腐并不能取代真正的肉，为什么呢？虽然豆腐干中的蛋白质含量可以达到35%左右，面筋中蛋白质含量可以达到60%，但是真正的肉类中还有一种豆腐和面筋都没有的东西，那就是脂肪，正是人类对蛋白质和脂肪的综合追求，让我们变得无肉不欢。

在大多数现代人的饮食中，早已不缺少蛋白质和脂肪了，但我们还是一如既往地追求着肉类食品，这是早已写入了我们基因深处的最原始的渴望。人类生产力的提高远远超出了基因自然演化的速度。要想满足我们对肉类的原始渴望，只靠教导我们多吃蔬菜少吃肉是没有用的。

> 人造肉的两条技术路线：养殖肉与合成肉

现在的市场上，有两类技术路线正在尝试着解决肉类生产的问题：一种技术路线叫作养殖肉，另一种技术路线叫作合成肉。

2013年，十几名新闻记者和美食评论家挤进了荷兰马斯特里赫特大学的生物实验室，等着品尝一道世纪美食。生理学家波斯特博士亲自下厨，把他耗时两年多，花费了28万美元培养出来的一

块肉饼，从培养皿中取出，然后当着媒体的面儿煎熟。在肉饼发出的阵阵香气中，两个新名词诞生了，一个词是“养殖肉”，另一个词叫作“细胞农业”。

从理论上来说，这些在培养皿中生长出来的肌肉细胞，与生长在牛身上的肌肉细胞没有什么本质的不同，但是美食家们在瓜分掉波斯特博士制作的天价汉堡之后，一点儿都没有给面子。美食家评

人造肉实验

论说，这些肉的肉质太干，缺少香味。美食家说得一点儿都没错，连波斯特博士自己都承认，这些肉中缺少必要的脂肪细胞和血红细胞，而这两种细胞的数量对肉质和口感都有很大的影响。

从生物学角度来说，这些生长在培养皿里的牛的肌肉细胞，的确就是真正的肉。但是，显而易见的情况是，这些真正的肉并没有

满足人们对口感和风味的追求。这其实一点儿都不奇怪，即便是超市肉类专柜里出售的真正的肉制品，也会因为不同部位、不同肉质而被消费者挑挑拣拣,更何况是实验室里培养的肌肉细胞呢。不过，对于研究养殖肉的科学家来说，口感和风味还是后话，他们最关心的是如何降低高昂的生产成本。毕竟，28 万美元的牛肉饼，就算再好吃，也看不到任何发展前景。

人造肉的另外一条技术路线——合成肉。

合成肉的思路与我们制作豆腐、面筋是相同的，就是将植物中的蛋白质、脂肪等物质提取出来，想方设法模拟出肉类的口感和营养价值。

你可能会觉得，合成肉的思路相当平淡无奇，这不就是超市里随处可见的素鸡豆腐和香菇贡丸之类的产品吗？在我们意识到肉类生产危机之前，情况确实如此。我们餐桌上的合成肉产品，瞄准的市场目标也确实都是素食者，或者是不想吃太多肉类的健康饮食提倡者。但是，新一轮的人造肉创业公司可并没有这么想，他们瞄准的就是真正的肉类市场。

美国人造肉创业公司超越肉公司的 CEO 伊桑 · 布朗在接受采访时说 :“我们的受众定位，不是占比 5% 的素食主义者，肉食爱好者才是我们真正的客户。”他表示，自己是受到人造奶的启发才确定这个市场定位的，豆奶、椰奶、杏仁奶的客户，并不是原来不喝牛奶的那些人，正相反的是，正是喜欢喝牛奶的人们正在消费着这些用植物制成的人造奶制品。

不过，最让我看好的，还不是那些高大上的美国人造肉公司。

我国本土的素肉食品公司，在人造肉概念的刺激下，也在调整产品配方，让素肉食品的口感逐渐向真正的肉食靠拢。还有一些生产香肠的公司正在一步步地降低产品中的含肉量，同时又尽量不降低产品的口感。这类反复迭代、小步快跑的方式，虽然科技含量看似较低，但市场成果却是显著的。这些厂家本来就拥有成本优势，他们只需要不断寻找自身产品与真正的肉类的口感差异，然后再逐渐改进自己的产品，就能平滑地进入新的市场。

那么，最终是合成肉能够获胜，还是养殖肉会胜出，又或者说，两者能够齐头并进,共同占领我们的餐桌呢？让我们拿起技术飞轮，来对这两种技术检测一番吧。

技术飞轮的第一条法则就是科学原理不能有瓶颈。养殖肉的科学基础是细胞生物学、合成生物学和基因编辑技术，这些都是目前最富有生命力的学科，显然远远没到出现科学瓶颈的时候，所以养殖肉完全可以通过技术飞轮的第一项检测。

但是，技术飞轮的第二条法则，也就是市场需求这一条，养殖肉想要通过，恐怕就有点儿困难了。“养殖肉之父”波斯特博士在2022年宣称，他的团队已经把一块肉饼的生产成本由33万美元降低到了9.8美元。这已经是一个相当大的进步了，不过这距离市场的期待还是很远，因为在美国，一个双层牛肉饼的巨无霸汉堡，售价还不到5美元。在最近的采访中，波斯特博士没有提及养殖肉在成本方面的新进展。看来，想要进一步降低生产成本，很可能还有技术难关需要攻克。

技术飞轮的第三条法则对于养殖肉来说也有些困难，因为养殖肉目前在伦理上存在争议。虽然养殖肉可以减少对动物的杀戮，应该得到道德和伦理方面的支持，但依然有大量的人认为在实验室里培养活的肉类是违背自然规律的行为。还有一些人认为，养殖肉需要一些先进的生产技术，这可能会导致欠发达国家对食品科技公司的资源依赖。所有这些问题，都不是用钱能够解决的，所以，在这些问题得到解决之前，养殖肉的技术飞轮要想旋转起来，还需要一些技术上的突破和一些特殊的发展契机才行。

我们再来说说合成肉。如果合成肉的历史从豆腐开始算起的话，那么人类已经在这项技术上折腾了两千多年了。直到现在，把各种工艺试了个遍，把各种调料也用了个遍，最后我们也还没有真正拿出一块色、香、味俱全，能够以假乱真的合成肉。是不是可以说，合成肉在未来就没有什么大发展了呢?

如果你这么想的话，那就把合成肉产业想得太简单了。因为现在的合成肉公司，都是要深入到肉类的化学组成成分，来模拟一块肉的营养成分和口感的。

比如说，一块牛肉，从宏观上来说，就是一些水、蛋白质和脂肪。但是，如果你按照比例把水、蛋白质和脂肪混合起来，是不可能造出牛肉来的。你顶多可以说，这种人造食物具有与牛肉相同的营养成分，但是吃起来是不可能像牛肉的。

牛肉的肌肉蛋白是很有韧性的长纤维蛋白，牛肉的那种很有嚼劲儿的口感，就是这种长纤维蛋白产生的。那么，怎么用植物制品来模拟这种嚼劲儿呢？其实，说出答案，你肯定会有一种恍然大悟的感觉。因为我们身边就有一种经典的素食，与牛肉的口感非常相似，那就是面筋。面粉中存在着一种小麦纤维蛋白，正是这种长纤维的蛋白质给了面筋超级筋道的口感。科学家通过特殊的方法，让小麦纤维蛋白重新排列起来，就模拟出酷似牛肉的口感来了。

如果你觉得模拟出牛肉的嚼劲儿不过是碰巧受了面筋的启发的话，那么下面的这项技术，绝对会让你对合成肉技术刮目相看。

牛肉中有一个特别关键的成分，叫作肌红蛋白。肌红蛋白在被加热之后，会散发出一种非常独特的香味，这是用面筋这样的植物蛋白制品无法模拟的。科学家们在大豆的根部发现了一种细胞，这种细胞可以生产出一种与牛肉肌红蛋白结构非常类似的蛋白质，加热后的口感和香气也与牛肉中的肌红蛋白别无二致。于是，科学家对这种大豆根部细胞进行了离体培养，获得了大量的可以乱真的植物肌红蛋白，合成牛肉的味道也因此得到了巨大的改善。

我之所以讲这么多合成肉的技术细节，就是想说，合成肉为了模拟牛肉的香味，已经运用了很多生物学的新兴技术，未来的发展前景是相当广阔的。所以，在科学原理上，合成肉技术现在还没有遇到瓶颈。

技术飞轮的第二条法则，就是市场需求。目前来看，合成肉的生产成本是低于传统肉的，而从合成肉使用的原料上来看，植物原料制成的合成肉也更加符合人们的健康需求。即使现在的合成肉制品还没有完全达到传统肉的口感，也不影响人们购买它们。

合成肉技术现在是一个小步快跑的模式，虽然产品还不算完美，但每发展一步，都能向市场推出一款新产品，距离未来的目标也就更进一步。这种小步快跑的模式是投资人最喜欢的创业模式，能够快速验证、快速迭代，更能实现资金的快速回笼。合成肉技术目前在发展中的问题都能用钱解决。所以技术飞轮的第三条法则，合成肉技术也具备了。

所以，结论就是，合成肉的技术飞轮已经启动，它会越转越快，几乎不可能有力量阻止。

分析完这两种人造肉的技术前景，又到了预测未来的时间了。我们还是以 5 年作为一个节点，来展开大胆的预测，看看这些人造肉到底能不能占领我们未来的餐桌。

“您好，牛肉堡还是人造牛肉堡？”我相信用不了多久我们就能在身边的快餐厅里经常听到这样的问话。就是现在，一家叫作“不可能的食物”的人造肉公司，已经成为汉堡王的合作伙伴。在全美 7200 个汉堡王连锁店中，都能买到这个公司用植物合成的素汉堡。

我还记得在 2019 年 8 月 15 日，第一批国产人造肉在阿里巴巴西溪园区的员工食堂中亮相。大厨用人造肉作为原料，做出了鸡肉卷、红烧狮子头、牛肉汉堡等多种食品，请员工们品尝。虽然大家普遍反映人造肉的嚼劲有些不足，但在金牌大厨的烹饪下，大家对于菜品的味道还是赞不绝口的。

不到一年之后，也就是 2020 年的 6 月份，另外一家人造肉公司高调推出了人造小龙虾。人造肉第一次直接跳出了模仿牛羊肉的模式，开始模仿海鲜产品。吃过这款小龙虾的网友调侃说：“在浓重的麻辣味掩盖之下，如果闭着眼睛品尝，还是有虾肉味的。”这种调侃看似是一种带着幽默的批评，但也说明了一个问题，那就是当人造肉公司找到了模仿肉类口感的诀窍之后，合成肉产品的发展正在加速。

你看，这就是我们身边正在发生着的变化。

也许人造肉还做不了红烧排骨和酱猪脚,但做一款红烧狮子头，绝对是可以以假乱真的。

> 畅想未来的人造肉

第一个 5 年，未来 5 年内

最大的变化很可能会发生在肉类原料上。就像我们现在拿起一款巧克力制品时，会发现不知道什么时候，巧克力的主料已经变成代可可脂一样。当我们仔细阅读一款香肠、午餐肉、水饺等食品的配料表时,我们会突然发现,里面原来的“鲜猪肉”已经变成了“合成植物肉”了。而没有仔细阅读配料表的人，根本就不知道自己吃进肚子里的东西是什么。

第二个 5 年，未来 5—10 年内

到了第二个 5 年，也就是距今 5 到 10 年间，我们将会在超市的肉类专柜中看到人造肉了。人造肉会成块成块地装在托盘中，上面蒙着保鲜膜，贴着价格标签。如果你不仔细去看，很难看出人造肉与传统肉的差别。在贴着人造肥牛肉标签的托盘里，你会看到人造肉上也有漂亮的大理石般的花纹。如果用刀把肉切开，你还能清晰地感受到肌肉的纤维和纹理。

这一时期的人造肉，已经可以用来烹饪任何菜肴了。也许厨师在切肉的时候，还能凭借着下刀的感受区分出人造肉与传统肉的不同，但等到菜肴被烹饪出来，再想分辨就不那么容易了。我相信，到那个时候，能不能通过人造肉和自然肉的双盲测试，将是一个值得争论的问题。

第三个 5 年，未来 10—15 年之内

在肉类生产成本、检验检疫和不断增长的需求的共同促进下，养殖肉技术终于进入了中国公司的视野，开始在生产成本上持续有所突破。那时候的养殖肉，价格可能会与自然肉相当。但是，比起可以超大规模生产的合成肉来说，价格肯定还是会高一大截。

合成肉最大的优势，就是可以形成超大规模的生产。以前的自然肉类加工厂，虽然也算是工厂，但是因为需要杀猪宰羊，还需要对牲畜身上不同部位的肉进行分类处理，很难把规模做到特别大。但是合成肉就不一样了。由于合成肉的原料是植物，至少生产合成肉原料的工厂，可以做到现在粮油企业的生产规模，甚至更大。下游的企业则可以利用合成肉原料进一步为市场生产产品。

这个时代必然会诞生几家生产合成肉原料的超级企业，食品业的格局也会因此而重新洗牌。

养殖肉很可能在这一阶段趁机占领高端市场。养殖肉的厂家会根据市场需求推出比传统肉更加健康的肉类。通过基因编辑技术，养殖肉可以很好地控制自身的脂肪和胆固醇含量，在控制营养成分的同时，还可以控制肉的口感。养殖肉公司甚至还能制造出排骨、

脆骨、肉皮、牛蹄筋等肉类组织。一旦实现技术突破，通过培养的方法获得这些组织，比通过合成的方法来制造它们要容易得多。凭借着这些优势，养殖肉很可能会迎来逆袭的拐点。

第四个 5 年，未来 15—20 年之内

距离今天 15—20 年之间，一个新产品的问世很可能再一次改变人造肉的市场格局。这个产品就是肉类培养机。有了这台小巧的机器，任何人都可以像发面一样培养出一块符合自己需求的肉类。我们唯一需要购买的东西，就是一些肉类的原始细胞，我们可以叫作肉种子，还有能帮助肉类长大的人造培养基。培养基的大小，决定了肉能长到多大。而肉类的种子，则决定了肉是什么味道。

在这个时代，又会诞生两类新公司：一类是肉类种子公司，另一类则是生产培养基的公司。由于这两类公司都是技术密集型的公司，很有可能在多次并购之后，最终形成寡头型的超级企业。

今天，很多人喜欢在阳台上种菜，而未来，我们很可能会在厨房里养肉。也许你的邻居会来敲你的门，然后端着一大块五花肉走进来，对你说："尝尝我亲手种的五花肉吧，没加任何激素，绝对纯天然！"

看到这里，可能有人会说，如果一个能在培养基里把肉养大的时代真的来临了，还真的挺可怕的。不过，也许这个世界真的像凯文·凯利在《科技想要什么》这本书中所说的一样：技术就像是一个生命，不管人类如何抉择，技术都有它自己的方向。再套用另外一个很流行的句式：你有你的计划，但猪肉另有计划。

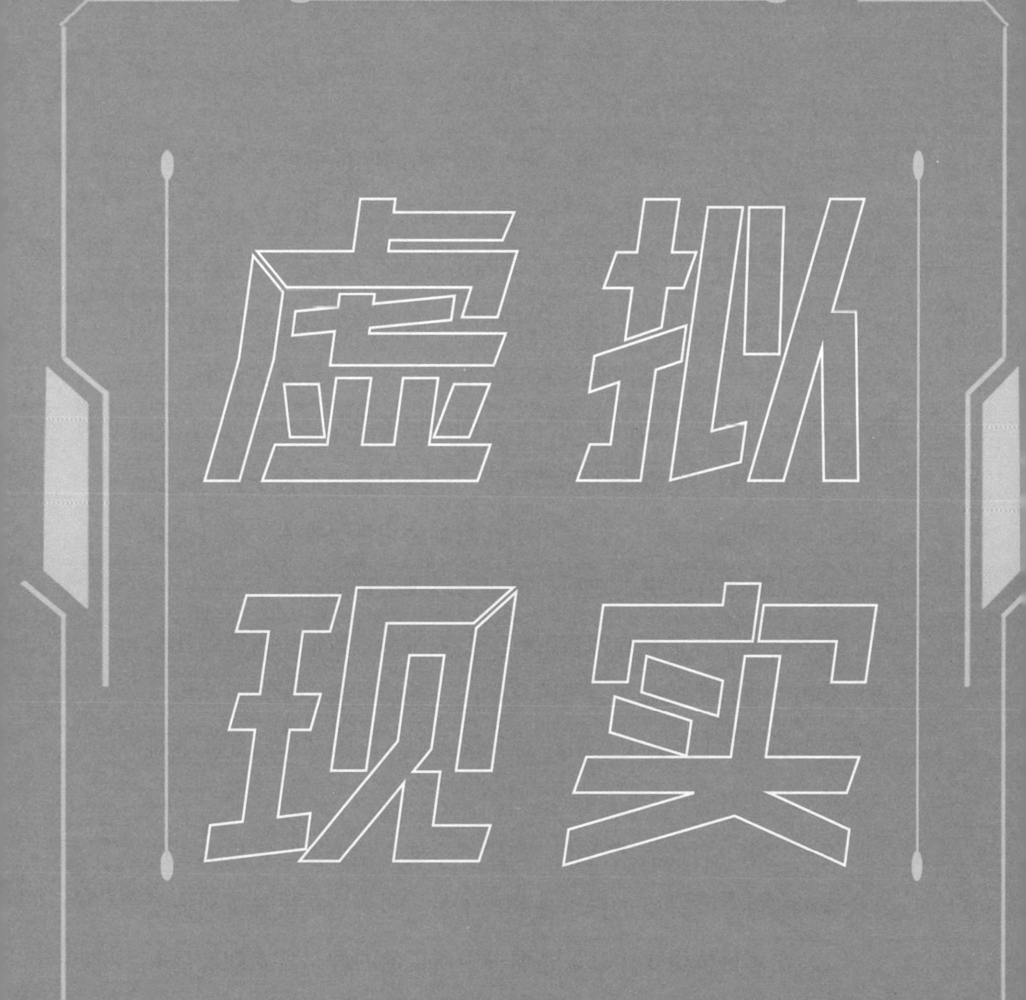
虚拟现实

AR 技术在 5G 时代会蓬勃发展吗?

> 什么是 AR 技术

如果用通俗易懂的话来介绍 AR 技术，那就是通过人工智能和计算机算法把一些虚拟出来的东西添加到你的真实视野里来。换句话说，就是 AR 可以把你看到的世界变得半真半假，甚至真假难辨。

你可能会问：一个半真半假的世界，对我们的生活有什么帮助呢？其实，AR 对生活的帮助，比想象的大得多，大多数人往往都处于使用着 AR 技术却不自知的状态。比如说，我们的手机里都有电子地图，当我们找不到路的时候，电子地图就可以在地面上生成一个箭头，你只要一直跟着箭头走，就可以到达目的地了。

再举个例子，手机里的照相机就是一个最典型的 AR 应用。当我们把照相机对准目标时，我们会看到相机上的焦点框会自动锁定人脸。有些相机应用还支持给照片或者视频添加特效，你可以给相机中的人物戴上小丑的红鼻子，或者戴上一个虎头帽。一些支持手势识别的相机，还可以根据镜头中人物的手势添加特效，一个双手揉眼睛的手势就能添加眼泪的特效，一个单手比心的手势就能让你的手指尖上冒出一串串的红心来。

视频里的人物和场景都是真实的，但虎头帽、眼泪和一串串的红心却是虚拟的，所有符合这个特征的应用，都可以叫作 AR。前些年爆火的到街上用手机抓小怪物的游戏就是一个典型的 AR 游戏。

与 AR 对应的一个词是 VR，也就是“虚拟现实”，一般是指让用户沉浸在纯虚拟的环境中。VR 的含义是，你看到的一切都是虚拟的。但是，如果一个 VR 程序彻底模拟了你熟悉的城市，你看到的熟悉的楼房到底是通过摄像头得到的，还是虚拟创造的，是不是就没那么重要了？ AR 和 VR 从来就没有一条明确的分界线，它们之间的边界是模糊的。AR 和 VR 是人为定义出来的概念。在真实的商业社会中，更重要的是满足市场的需求，而不是一定要搞清楚一个产品到底属于 AR 还是 VR。

在本节中，我们重点探讨的是增强现实技术，下一节我们会专注讨论虚拟现实技术，但增强现实 AR 与虚拟现实 VR 的领域有很多重合的地方，当探讨它们重合或者模糊的地带时，我会按照习惯，统一使用虚拟现实这个词，后面就不再特别说明了。

AR 自从 20 世纪 80 年代诞生以来，一直就是一个由市场需求驱动的技术。汽车的驾驶员希望能够不低头就看到仪表盘，士兵希望望远镜能把目标的距离直接显示在望远镜上，所有的这些，都可以用 AR 来完成。

在电影《钢铁侠》中，主角托尼 · 史塔克总是用手一挥，就能呼叫出几个虚拟窗口或者设计模型，然后凭空操作和拖拉虚拟物体。在很多描写未来世界的科幻电影中，我们还能看到满街都是 AR 技术的应用：通往目的地的路线已经被清晰地标注出来；广告牌上只会播放你最近关注的商品信息；与好朋友的视频通话窗口就悬浮在离你不远的空气中，你不需要举着手机，也能与好朋友随时畅谈……而所有的这一切，都只有你一个人能看到。

>AR 技术发展现状与阻碍

人们是如此地期待 AR 时代的到来，然而 AR 技术的发展却并没有预想的那样顺利。如果你在最近几年认真地关注过 AR 技术发展的话，你肯定会注意到一个现象，那就是 AR 已经好几次被推到风口浪尖上，成为大家公认的新技术趋势，但又好几次默默无闻地淡出了公众的视野。直到现在，AR 最成熟的应用，依然只是那些比较简单的手机应用而已。

2014 年 7 月，Facebook 斥资 20 亿美元收购了一家名为 Oculus 的虚拟现实公司。另外一家名为 Magic Leap 的公司，也在 2014 年 10 月获得了阿里巴巴和谷歌等公司联合投出的 14 亿美元的巨额资金。

国内的虚拟现实产业，投资额也一点不少。IT 桔子数据库相关数据显示，截止到 2022 年 8 月中旬，我国虚拟现实（VR）行业共发生了 535 起投融资事件，投融资活跃度先升后降，于 2016 年达最高峰。2016 年行业投融资事件数量达 168 起，总投资金额达到 106 亿元；2021 年，虚拟现实（VR）行业仅发生 26 起融

资事件，但总投资金额达到 32.2 亿元，同比增长 147.7%，接近 2016 年峰值。截至 2022 年 8 月 15 日，我国虚拟现实（VR）行业发生融资事件 26 起，融资金额为 17.6 亿元。

2020 年的新冠肺炎疫情让资本再一次意识到增强现实类技术的重要性。国际数据公司（IDC）预测，2021 年全球增强与虚拟现实（AR/VR）总投资规模接近 125.4 亿美元，并有望在 2026 年增至 508.8 亿美元，五年复合增长率（CAGR）将达 32.3%。

所以，从投资数量上来看，虚拟现实领域的创业企业，其实一点儿都不缺少资金。AR 技术的飞轮没有顺利转动起来，一定存在着一些与资金无关的因素。

既然 AR 技术从来都不缺少应用场景，又不缺资金，那它的问题到底出在哪里呢？体验过头戴式 AR 设备的用户，反馈最多的就是眩晕、卡顿和看起来虚假这三个问题。下面我们就来分析一下，这三个问题到底是如何产生的。

高沉浸感的 AR 体验需要一个专用设备来支持，这就是虚拟现实眼镜。虚拟现实眼镜会为我们的眼睛提供一个 360° 无死角的虚拟视野。无论我们如何运动，都能从眼镜里看到一个与我们的动作相匹配的画面，这就是虚拟现实的“沉浸感”。

那么，虚拟现实眼镜又是如何知道自己是前进了还是后退了，是向左转还是向右转了呢？这就要谈到虚拟现实眼镜中最重要的一个设备——IMU，它的中文名称叫作惯性测量单元。IMU 设备的好坏，会直接影响我们的体验。比如说，我们的头向左转动了 90° 时，透过眼镜看到的画面也必须是转动 90° 应该看到的画面。如果这个运动匹配做得不好，我们的身体动作与视觉就会出现失调，这就是我们感觉到头晕的原因。

IMU 是一个由多轴陀螺仪、加速度计、磁力计和压力传感器共同组成的复杂传感器系统。多轴陀螺仪负责感知 IMU 在空间中的方向变化。磁力计可以利用相对稳定的地球磁场，来校正陀螺仪在惯性运动过程中产生的偏差。加速度计和压力传感器的配合，可以实时获得 IMU 的运动速度。根据运动速度和时间，我们就可以计算出 IMU 发生的空间位移了。IMU 并不是什么科技含量很高的设备，我们的手机中一般都有一个，成本也就几十元。

AR 空间应用

当然，IMU 也有高端的。比如，宇宙飞船和火箭上也装有 IMU,这些高精度的 IMU 设备能帮助一枚导弹跨越几千千米的距离，从发射到击中目标只出现几米的误差。这种高精度的 IMU 设备价格也非常昂贵，往往会达到上百万元。

所以，IMU 设备并不存在科学瓶颈，但想要提升它在 AR 上的精度，是需要有大规模的生产和应用作为支持的，只有更大规模的应用，价格才有希望降下来。

AR 技术想要大规模推广还有一个重大的阻碍，那就是芯片的运算速度。我们体验到的 AR，本质上是摄像头拍摄外部视频后，再用算法把虚拟物品的影像叠加到视频上，最终生成一个合成的视频流。AR 里面的虚拟物品，全部都是经过渲染的视频特效。你想想看，摄像头拍摄到的视频画面要经过分析、计算、叠加、渲染，然后再输出，这些都需要在不能让人感觉到延迟的瞬间完成，没有一个强大的芯片支持，那是肯定要出现卡顿现象的。如果使用者的体验是卡顿的，那又何谈大规模推广呢？

要想解决这个问题，我们需要的是更快的运算和显示速度，同时也更便宜的计算机芯片。半导体行业著名的摩尔定律预言，集成电路上可容纳的元器件数量，每隔 18 个月就会翻一番。从 1980 年到 2010 年的 30 年间，摩尔定律一直都是奏效的，我们的计算机芯片也真的以指数级别提升性能。但是，如果你回忆这几年我们更换手机的历程，你就会发现，我们的手机的确变快了很多，但手机里的芯片核心，也由 1 个变成了 8 个。

硅谷创业教父史蒂夫 · 布兰克指出 ：“严格来说，‘摩尔定律’

其实已经失效，只是消费者没有意识到而已。”

芯片上的元器件已经无法造得更小了，更小的元器件不可避免地会遭遇到量子隧穿效应的影响。换句话说，在芯片制造领域，我们已经触及了科学原理的瓶颈。

晶体管的数量和运用晶体管的方法共同决定了芯片的计算能力。既然晶体管已经不能造得更小，那么想办法把同等数量的晶体管用得更有效率就成了关键。因此，史蒂夫·布兰克才会说：“现在每一块芯片上都排列着几十亿个晶体管，如何重新设计算法，创造性地利用这些晶体管，才是整个行业的重点。”

比如说，被称之为“史上最强芯片”的麒麟 9000 芯片，就带着 1 个 8 核心的中央处理器，一个 24 核心的图形处理器，还有一个 3 核心的专门处理多任务及多媒体信息的神经网络处理器。这样的配置，哪里是一个芯片，这简直就是一个数据处理中心了。

所以，AR 技术一直没有发展起来，用技术飞轮的工具来分析，原因就是 AR 刚性需求所涉猎的技术瓶颈一直没能突破，而且瓶颈还不止一个。

没有更强大的芯片，AR 就实现不了良好的沉浸体验。没有良好的用户体验，就无法满足市场需求，也就无法大规模应用。如果不能大规模应用，就产生不了巨大的经济效益，也就不足以撬动半导体行业针对性地重新设计性能更优化的芯片。

这听起来可能是一个死循环，不过芯片带来的瓶颈，其实也不是无法突破的。咱们后面的章节，还会专门谈到芯片技术的未来，在这里就不作展开了。

在我看来，AR 技术很可能在近期就迎来一个难得的破局点，让它的技术飞轮转动起来，破局的关键就是 5G。

那么，5G 是如何推动飞轮转动的呢？2019 年被称为 5G 商用元年，在 5G 技术的推动之下，虚拟现实技术在沉寂了差不多两年之后，再一次从幕后走到了台前，成为投资者们争相追逐的领域。

5G 的到来，是否会让 AR 技术的热潮一直持续下去，直到走进千家万户呢？我们不妨再次拿起技术飞轮，一起来分析一下。

我们先来说一个可能会被很多人忽视或者轻视的、技术含量不高的边缘应用，叫作全景视频。这种视频就是把你视野范围内的所有方向全部无死角地拍摄下来。严格来说，全景视频并不算是 AR 技术，因为在全景视频里，并没有任何虚拟的东西被合成进去。但是，你可别小看了它，它很可能成为一根撬动整个虚拟现实产业的杠杆。

全景视频想要实现高度的沉浸感，就必须实现 5K × 5K 的分辨率，这种分辨率的视频文件，相当于 20 台 1280 × 1024 分辨率的显示器加起来的像素点数。超高清的画质可以带来身临其境的沉浸体验，但是随之而来的代价也很高，那就是全景视频中的每一帧都有高达 78Mb/s 的数据量，即便进行较好的编码压缩之后，也需要大约 40Mb/s 的带宽才能够流畅地播放，这远远超过了当前 4G 网络的承载能力。

在 5G 时代到来之后，全景视频将是第一个被解锁的 AR 周边应用。因为不需要提前下载，所以全景视频也将走进直播时代。到时候，体育比赛、演唱会、娱乐节目现场以及联欢晚会都会开展全景直播业务。

我们可以畅想，在未来某一年春节联欢晚会的时候，热情的主持人可能会这样说："电视机前的观众朋友们，现在用虚拟现实眼镜扫描屏幕下方的二维码，就可以做客我们的虚拟直播间，体验一下亲临现场的感受。"

那时候，我们不仅可以身临其境地坐在观众席上观看演出，还能随时把镜头切换到舞台视角、主持人视角，甚至高空鸟瞰视角，这样的感受，想一想都觉得过瘾啊。想象一下去世界杯的现场吧，那可够你大饱眼福的。

全景视频、全景直播以及虚拟演播厅，这是刚需，5G 基础建设的完成将成为满足刚需的先决条件。如此一来，技术飞轮的市场需求问题就被破局了。而这件事情我预测会在未来的五至八年之间蓬勃发展。

全景视频的需求会推动虚拟现实眼镜的大规模应用，而眼镜的需求又可以直接推动芯片技术的发展。很快，就会有专门为虚拟现实眼镜设计的芯片推出来，而芯片的价格，也会像大家期待的一样大幅度跳水。强大的芯片可以支持 AR 技术对现场传来的全景视频进行深度加工。不需要给你举更多例子，你只需要想想看，如果春晚的主持人随手撒出漫天的红包，会有多少人为之疯狂？

与此同时，高端的 IMU 设备也将随之降价，虚拟现实眼镜的运动感应水平将会有指数级的提升，5G 网络的低延时特性也得到

了充分发挥。人们可以戴着虚拟现实眼镜随意移动，也不再会有头晕的不良感受了。

> 畅想未来的 AR 应用

这一阶段，必然会有大量让人脑洞大开的 AR 应用出现在我们的生活中。我来随便举一些例子：

比如，你可以在购买商品之前，就先把商品摆到桌面上，360° 无死角地欣赏一下，以后再也不会出现“没有想象的那么大”这种令人尴尬的商品评价了。我在 AR 产业论坛看到了国内某知名电商品牌的 AR 事业部展示了相关应用，不是我凭空想出来的。

逛动物园的时候戴上 AR 眼镜，你会看到，三叶虫们在纯净的海水中自由游弋，侏罗纪的巨兽也会成群结队地从你身边走过。只要你挥一挥手，你的眼前就会浮现出这些古生物的介绍，耳边则会响起讲解员悦耳的声音。

每一片空旷的地方都有可能成为 AR 的舞台，你的书桌、你的客厅地板、你的小区广场以及中心花园的绿地……至于什么奇迹会发生在这里，就全凭 AR 设计师们的想象了。节假日的天空中将会再次绽放起绚烂的焰火，春节的楼底下也会再次响起熟悉的鞭炮声。只要我们想得到，就能体验到。

虚拟现实眼镜也会逐渐变得更轻巧，耗电也更低。它们看起来将越来越接近于一个真正眼镜的大小，可以随时带在身边，依靠你的手机供电。这番景象，大约会在未来的 10 至 15 年之内蓬勃发展。

说到这里，你可能会以为，是不是这就是AR技术的终极形态了呢？如果你这么想，那可就太小看AR技术了。AR技术还有一个超级大招没有放出来呢。

大家可以回想一下刚刚我们说过的应用，每一个都是那么绚烂多彩，但你有没有觉得缺了点儿什么？没错，就是对AR中虚拟物品的掌控感。这也是当前的AR技术需要面对的最大挑战。

当我们站在窗前眺望远方时，我们的双眼能够精确地辨识出窗框和玻璃距离我们最近，窗前的树木比窗框要远一些，再远一些的地方是楼群，楼群的后面则是蓝天白云和天上的太阳。这就是立体视觉。

AR要做到逼真，也是需要立体视觉的。当一只巨大的恐龙出现在体育场的中央时，虚拟现实眼镜必须清楚，虚拟恐龙脚下的地面，它的空间结构是怎样的。如果对视野中的空间结构解析得不准确，就会出现恐龙的脚落不到地面的情况，这会让我们感觉眼前的AR影像不真实，从而沉浸感不足。

另一个更加困难的挑战叫作遮挡问题。假如我们伸出手，想要摸一摸眼前的这只恐龙，由于恐龙是叠加在视频上层的，那么一伸手就会发现，我们的手竟然被距离更远的恐龙遮住了。这一下子就会让人产生虚假感。要想让手遮住恐龙，唯一的办法，就是要让AR引擎通过空间识别找到我们的手，并且把被手遮住的这部分恐龙身体从画面上抹掉。

在众多的解决方案中，一种叫作双眼立体视觉的技术是目前效果最佳的。AR引擎会通过比对两个摄像头之间的视角差，来判断

虚拟现实中的恐龙

画面中物体的远近。这与我们人眼立体视觉的原理是一模一样的。但是，这个技术现在遇到的困难是识别出来的物体轮廓分辨率不高。如果应用到AR上，就会看到手周围的轮廓总是存在很多的马赛克。如果我们在AR中看到我们自己粗糙的手臂抚摸着清晰度极高的恐龙皮肤，那画面一定会是非常怪的。

不过，现在这项技术已经找到了一些突破口，比如通过人工智能专门对手臂这类经常会遮挡住虚拟物体的东西进行深度学习和优化。还可以根据空间经验对当前所处的空间结构进行预判。我们还可以通过发射红外线对距离不太远的物体进行主动探测，然后根据红外线返回时间的不同来比较精确地识别物体的轮廓。一旦遮挡算法出现重大突破，就像打开了一扇新的大门，AR技术也会随之再上一个大台阶。

首先，《钢铁侠》中随手操纵虚拟物品的功能可以得到实现。

我们还可以戴上体感手套，让我们的手指尖感觉到触摸虚拟物品的真实触感。我们可以像在电脑上一样，把眼前的虚拟物品放大或缩小。产品设计师可能会彻底摆脱电脑，在 AR 软件中完成产品设计。而艺术家很可能会在空间中完成他们的新作。

遮挡问题解决后，AR 游戏也会更加丰富。游戏中的小精灵可能会在你的书桌上跟你玩捉迷藏，它很可能会钻进你的书包里，等你来找它。

这个阶段的 AR 电商，完全可以让虚拟的行李箱出现在屋子里，让你推来推去，试试看能不能塞进床底下。你可以在购买衣服前就无限期地试穿，为了效果好一些，最好是尽量还原穿衣前的真实体态。当然，如果以假乱真，穿着虚拟时装出门的话，那可是要上演真实版的“皇帝的新衣”了。

我相信，这个终极形态的 AR 技术也不会离我们很远，我预测最多 20 年的时间，它就会来临。

当然，请记住，所有的变化都不是一夜之间完成的，都会有一个逐步普及的过程。我相信正在看本书的你，肯定能赶得上这个亦真亦幻、绚烂多彩的新时代。

2023 年 6 月 6 日，苹果公司在苹果全球开发者大会上发布了苹果最新的 AR 硬件设备 Vision Pro，科技巨头苹果入局 AR 行业，必然会加速 AR 的发展。

讲到这里，我想到一本科幻小说，对即将到来的 AR 时代有着非常生动的描写，作者是大神级的科幻小说家弗诺·文奇，他在 2006 年写了部科幻长篇小说《彩虹尽头》，获得了 2007 年的雨果奖。

文奇本身就是个计算机科学家，所以，他在小说中描写的大量人机交互的细节完全可以当作 IT 公司的研发人员的设计参考，如果我的读者中有 AR 或者 VR 的从业人员，我强烈建议你去读一下《彩虹尽头》这本书，或许对你的工作有价值。

从虚拟现实到身临其境，有几座山要翻？

如果有一种技术可以被用于娱乐，那它就一定会被用于娱乐，没有例外。

在人类最伟大的技术发明中，印刷术被用来印刷小说，蒸汽机和飞机被人们用于旅游，灯泡和交流电被人们用于过夜生活，电视机被用来看肥皂剧，而计算机和互联网更是娱乐的最佳工具。

文化评论家尼尔·波兹曼写过一本很著名的书来控诉电视时代，书名就叫《娱乐至死》。如果用一句话来概括这本书的主要内容，那就是毁掉我们的，并不是我们憎恨的东西，而是我们最爱的那些东西。尼尔·波兹曼很担心娱乐会毁掉我们的文化，但他自己也没能在书中拿出可行的解决方案。他甚至自嘲："通过电视这种媒体来呼吁大众少看电视，这本身就是一种嘲讽。"

尼尔·波兹曼于2003年去世，他没能经历这个人人捧着手机的移动互联网时代。但是，这种关于娱乐的嘲讽仍然在继续，因为那些呼吁我们放下手机的文章和视频正在我们的朋友圈和微博中被疯狂地转发和点赞。不知道你怎么看波兹曼的担忧，在我看来，波兹曼是杞人忧天了。

我们为什么如此热衷于娱乐呢？按照生物学家普遍认同的一种解释，娱乐其实是促进我们学习的底层机制。

你没有听错，娱乐确实就是为了学习而存在的。当我们适度地关注未知的东西时，我们的身体就会产生多巴胺来鼓励我们的行为。娱乐产生的快乐感受就来自于此。

如果我们接触的信息完全没有新鲜感，那么我们的身体就会发出信号，让我们觉得无聊。如果我们对未知的东西过分关注，我们的身体也会产生倦怠感来警告我们，这是耗费能量过高的表现。

如果我们的身边充斥着大量未知的东西，身体就会用恐慌感来警告我们远离危险。这也正是学习令人痛苦、未知令人恐慌的生物学原理。

你看，其实我们并不用担心我们会娱乐至死，因为娱乐本质上就是一种学习机制。虽然学习的速度不算快，但却总是在慢慢进步的。现在，已经有越来越多的人认识到，把知识变得有趣，让人们循序渐进地接受知识是一件非常重要的事情。就像你正在阅读这本书一样，在不违背科学精神的大前提下，让这本书读起来更有趣，是我写作这本书的第一目标。

所以说，想要创造出令人愉悦的娱乐体验也是要讲究科学方法的。我们必须要让我们的大脑处在耗能较低的轻松状态，同时又要想方设法地让大脑获得有价值的信息。接受同样多的有效信息，大脑承受的负担越轻，我们的娱乐体验也就越好。

实验表明，越是抽象的信息，给大脑带来的压力就越大，而越是具体的信息，大脑就越是可以凭借本能接收，大脑的负担也就越

小。电视比书籍更具娱乐性的原因也就在于此。

那么有没有什么技术比视频更加具象和真实，能够让大脑在同等能耗下接收到更多信息呢？有，这就是虚拟现实技术。

虚拟现实技术追求的就是对真实世界的深度模拟。我们平常在街上行走，四周充斥着大量的信息，但我们的大脑却从未因此感觉到疲劳。

这是因为我们的大脑就是为了处理这类信息而生的。如果我们能精确地模拟真实世界的感受，就必然能创造出极致的娱乐体验。

> 虚拟现实技术，对知觉的全方位模拟

电影《头号玩家》中描述了一个虚拟现实技术全民覆盖的社会。电影中的虚拟世界，名叫“绿洲”。在绿洲中，存在着无数个极致真实的游戏场景，从赛车场到童话世界，从武侠世界到外星球，只要你能想到的，绿洲里全部都有。绿洲中的世界无比美好，美好到让人们对解决现实中的问题已经毫无兴趣。在现实世界中的人们，关心的就只有吃饭睡觉以及购买体验更好的虚拟现实装备，剩下的时间，人们就会戴上头盔，在绿洲中度过。

那么，《头号玩家》中描述的世界到底距离我们有多远呢？下面就让我们把各种感官拆解开来，一件一件地分析。

首先我们说说视觉的模拟。

想要让虚拟的物体在虚拟现实场景中看起来真实，并不是一件简单的事情。2010 年，乔布斯在 iPhone 4 发布会上推出了一个新

概念，叫作视网膜屏。视网膜屏的意思是，只要每英寸的像素密度达到 300 个以上时，我们的视网膜就分辨不出屏幕上的像素点了。

那么是否意味着，我们现在的屏幕已经能够完美地模拟视觉了呢？很遗憾，并不是这样。首先，在佩戴 VR 眼镜时，我们的眼睛距离屏幕更近，而且 VR 眼镜的镜头趋近于一个放大镜，在放大镜的作用下，我们更容易分辨出屏幕上的像素点。

VR 眼镜

VR 眼镜的参数中有一个重要概念，叫作 PPD，意思是每 1° 视角内，有多少个像素点。还拿 iPhone 4 举例，iPhone 4 的屏幕宽度上有 640 个像素点，平常我们使用手机的时候，手机的屏幕在我们眼中所占的视角大约是 10°，那么，我们就可以说，iPhone 4 的屏幕分辨率是 64PPD。我们人眼的极限分辨能力是 60PPD，所以在使用 iPhone 4 的时候，我们是无法分辨出屏幕上的像素点的。这时候的 iPhone 4，可以算是名副其实的视网膜屏。

但是，如果把 iPhone 4 的屏幕用于虚拟现实，那可就远远不够用了。在眼球转动的情况下，我们一只眼睛的最大视角可以达到 180°。iPhone 4 的屏幕纵向分辨率是 960 个像素，如果用 960 个像素来覆盖 180° 的显示视角的话，那么就只有可怜的 5.3PPD 了。

当然，现在的 VR 眼镜已经进入了 4K 屏时代，也就是一只眼睛可以分配到 2000 像素。而为了增加分辨率，主流的 VR 眼镜会缩小视野范围，只显示最重要的 100° 视野。这样，现在的 VR 眼镜就可以实现 20PPD 的分辨率了。

虽然 100° 的单眼视角和 20PPD 的分辨率距离真实的视觉体验还有不小的差距，不过以目前显示技术的发展来看，我们要制造出人的肉眼完全无法分辨真实与虚拟的显示设备，并不存在科学原理上的瓶颈。我们只需要不断地提高液晶屏幕的制造工艺，就一定能够实现这个目标。

说完了视觉，我们再来说说听觉的模拟。

为了实现沉浸式的体验，虚拟现实一般用耳机来播放声音。在听音乐的效果上，同等价位的耳机的音质表现总是超过音响的，所

以你可能会以为，耳机在模拟听觉方面也会比音响表现更好。事实上，这是一个对耳机的重大误解。

耳机在音质上的确有天然的优势，但是在模拟立体听觉方面，耳机可就不太擅长了。可以想象一下，如果采用音响系统来模拟一架飞机从头顶飞过，那么位于头顶的音箱很容易就能让我们不必抬头去看，也能清楚地感知飞机的位置。但是，如果我们佩戴的是耳机，无论耳机的音质有多好，仅仅靠左右耳的音量调节，是不可能模拟出声源的位置的。

在虚拟现实场景中，模拟声音的方向比更高的音质要重要得多，想让紧贴在耳朵上的耳机模拟出来自四面八方的声音，就必须靠算法来帮忙。不同方向的声音，除了要调节左右两个耳机的音量外，更重要的是要模拟出两个耳朵听到声音后微弱的时间差。而且，当我们转头的时候，由于两个耳朵与声源之间的距离发生了改变，声音到达耳朵的时间也会发生细微的改变。我们就是通过这种细微的差别来辨别声音的方向的。

目前的 VR 眼镜的耳机系统，对于声音方向的模拟还有很大的提升空间。不过，由于听觉模拟依赖的只是算法，而算法的发展不存在科学瓶颈，所以听觉模拟并不存在科学瓶颈。

我们在看到优秀的舞台节目时，常常会用“视听盛宴”这个词来形容。这就充分说明了视觉和听觉这两种感官在娱乐中的重要性。但是，光有视觉和听觉的模拟还远远不够，我们还需要触觉。

在现实生活中，除了眼睛和耳朵之外，我们的手肯定是与周围的事物交互最多的器官。在光线昏暗的时候，我们就会主动伸出双

手，挡在身体前面慢慢摸索。这时候，触觉甚至比视觉更加重要。

然而，想要完美地模拟触觉，却是一件无比困难的事情。想想看，明明手里面没有抓着东西，但却想要让人感觉到抓到了东西，这是一个多么困难的任务。

现在最常用的触觉模拟手段，就是使用体感手套。每一只体感手套中，都装有高精度的惯性测量单元和几十个运动传感器，每一个手指的关节处还装有带有力反馈的外骨骼。玩家手指的每一个动作，都会被捕捉并且传回到处理器中，而虚拟现实中的虚拟物体碰撞则会通过外骨骼传递给手套，让手套产生抓到东西的感觉。

不用我说你就能猜到，这么一种超级复杂的手套，必然价格不菲。目前体感手套这类产品的主要用户还是国家电网、微软、谷歌

触觉模拟

等超级企业。虽然体感手套能找到合适的应用场景不是坏事，但这些不差钱儿的企业客户却让这类产品把性能放在了第一位，反而失去了开拓大众市场的动力。所以，虽然体感手套有着不错的技术储备，也没有遇到科学瓶颈，但因为现阶段应用方向主要服务于科研领域，缺少降价的动力，所以它的技术飞轮目前也很难转动起来。

解决完手触摸和抓握物体的问题后，就该解决脚走路的问题了。如果玩家站着不动，而是使用游戏手柄之类的设备在虚拟场景中移动，不仅会感觉到不真实，更容易产生疲劳感和眩晕感。这是因为移动的画面与没有移动的身体之间产生了感知冲突。但是，如果允许玩家戴着 VR 眼镜四处行走，就会撞上现实中的物品，这当然也不行。所以，我们必须想办法允许玩家迈开双脚走路，但又要确保玩家停留在原地，这就是运动模拟。

目前，有两种技术方案可以模拟我们的运动。

第一种方案叫作滑动式万向跑步机。虽然名字是跑步机，但它实际上就像是一个大号的婴儿学步车，玩家的腰部和大腿被固定在一个可以旋转的架子上，而脚下则踩着光滑的圆盘。玩家迈步的时候，其实脚是在底盘上来回滑动的。如果你体验过一次 VR 跑步机就会知道，身体半吊在架子上的行走方式，与真实的走路还是有很大差距的。

第二种方案是履带式万向跑步机。这种万向跑步机的履带既能前后滚动，又能左右滚动，无论玩家向哪个方向移动，万向跑步机总能把玩家传送回跑步机的中央位置。在这类跑步机上，玩家真的可以脚踏实地地移动，所以体验也比滑动式万向跑步机好得多。

运动模拟

履带式万向跑步机因为结构复杂，尺寸和价格也都比滑动式跑步机要高出很多，目前的应用也没有滑动式那么广泛。不过，履带式万向跑步机凭借良好的用户体验，将来必然会取代滑动式万向跑步机。

除了上面提到的各类感官以外，虚拟现实对于嗅觉的模拟也十分重要。想想看，我们在虚拟世界里打开一瓶香水，如果闻不到香味，肯定很扫兴。当我们奔跑在硝烟弥漫的战场上，如果闻不到火药味，也一定会产生出戏的感觉。

一些虚拟现实装备的厂商从喷墨打印机上找到了灵感。他们把多种香味剂放在不同的墨盒当中，在需要释放气味的时候，打印头就会根据程序设定，喷出不同的墨滴并混合在一起，从而模拟出不同的气味来。这是一种简单易行，而且成本不高的嗅觉模拟方案。只是目前模拟出来的气味与真实世界的气味还有很大的差距，这项技术发展道路还很漫长。

嗅觉可以模拟，味觉当然也没问题。新加坡国立大学的计算机工程博士尼米莎就利用一个可以改变温度的电极，成功模拟出了味觉。

在尼米莎看来，化学物质激活舌头上的味觉受体，而味觉受体又释放生物电来激活神经通路，这个过程本质上并不需要化学物质参与，只要生物电起作用就足够了。60μA～180μA 的电流，外加电极从 20℃～30℃的升温，就能模拟出酸味来。如果是 20μA～50μA 的低频电流，我们就能感知到咸味了。除了酸甜苦咸鲜这几种味道以外，尼米莎的团队还成功模拟出了薄荷味和辣味。薄荷给我们的是凉的感觉，反过来，把电极的温度从 22℃降到 19℃，我们体验到的就是薄荷的味道了。

味觉模拟

可能你会觉得，在虚拟现实中有必要模拟味觉吗，这是不是伪需求呢？嗯，也许你说得对，但我觉得，如果在虚拟场景中喝同一杯水，却可以根据游戏中玩家的选择，而模拟出柠檬汁或可乐的味道来，也不失是一种有趣的体验吧。

虽然各种感官的模拟都已经有了对应的技术，但想要把这些技术全部整合到一个 VR 眼镜当中，还是有不小的难度的。有一家名叫 The VOID 的公司用了一种另辟蹊径的方案，巧妙地规避了触觉和运动模拟设备的短板，把极致的虚拟现实体验带到了我们身边。

首先，The VOID 认为，行走动作是最难以模拟的。哪怕是一个简单的转身动作，如果不让玩家的身体重心向着转身的方向倾斜一下，玩家轻则产生虚假的感觉，重则可能会感到眩晕。只有让玩家在场景中真实行走，才能彻底解决这个问题。于是，The VOID 专门为玩家打造了一个实体迷宫，让玩家戴着 VR 眼镜从迷宫入口走进去。迷宫的面积不算大，只有 300 平方米左右。但迷宫的路线设计极为巧妙，有时候可以让在虚拟场景中行走的玩家误以为自己是在一直向前走，从而在有限的空间中创造出巨大的虚拟场景。

对于触觉的模拟，The VOID 并没有使用昂贵的体感手套。他们的方案是制作一些特殊的道具，然后让 VR 眼镜识别出这些道具，并在虚拟场景中显示出它们应有的模样。这么说可能有点儿抽象，我来给你举个例子。比如说，The VOID 为了实现星球大战中光剑的效果，就特地制作了一个剑柄。当剑柄上的开关被玩家打开时，虚拟场景中的光剑就会被激活。

我们很难准确定义，The VOID 公司开发的技术算不算是虚拟现实，因为他们模糊了虚拟现实和增强现实之间的界限，他们用故事把现实中搭建的迷宫与虚拟场景绑定在一起，如果你在虚拟场景中看到了一把椅子，那么你就真的可以坐在上面，因为，在现实的迷宫中，也真的有一把椅子放在那里，等你坐下。

The VOID 公司这个虚拟与现实深度结合的解决方案，看似平淡无奇，但却帮我们打开了一扇大门，而大门的另一边，娱乐体验正在被推向极致。下面我们还是以 5 年作为一个节点，来提前感受一下即将到来的娱乐体验吧。

> 展望虚拟现实的技术未来

第一个 5 年，未来 5 年内

你有幸受邀坐进了北京飞往广州的飞机驾驶室，在帅气的机长的引导下，你小心翼翼地参与了飞机的驾驶。两小时后，你把飞机稳稳地停在了广州白云机场的跑道上时，俨然已经成了一名驾驶飞机的老手。这时候，耳边想起了空姐温柔的声音，她提示你飞机已经落地，可以摘下 VR 眼镜了。

这是一次相当有趣的体验，飞机上的每一名乘客，都有机会体验一把亲自驾驶民航客机的乐趣。

第二个 5 年，未来 5—10 年内

某天，你受朋友之邀，要到最近新开放的网红旅游景点——侏罗纪公园游览一番。你乘着豪华的邮轮出海，享受着迎面的海风。

很快，你就看见小岛上空盘旋着几十只体型巨大的风神翼龙。下船之后，你跟着向导徒步穿越了整个小岛，虽然没有经历被霸王龙追击，但也有几次遇到危险，多亏向导使用武器驱赶，才化险为夷。其实，所谓的侏罗纪公园，不过就是南湖公园 2000 平方米的湖心小岛上的一处虚拟现实体验馆而已。但就是这小小的一块地方，却给了你终生难忘的冒险体验。

第三个 5 年，未来 10—15 年之内

有一句土得掉渣的话成了流行语："美好生活，从清晨开始。"这是一款名叫"清晨"的虚拟现实社交游戏的广告语。

只要你拥有一间长与宽都不小于 4 米的空房间，就可以安装这套虚拟现实套装。

整个套装由一个虚拟现实头盔、一套带有外骨骼的体感服装、一个面积为 16 平方米的履带式万向跑步机和一套影院级别的音响系统组成。网上下单以后，厂家会派出工作人员来帮你安装设备并装修你的房间。房间的墙壁上会贴好隔音材料，音响系统会被固定在房间的各个角落，以便打造出最逼真的立体音效。

一切就绪之后，你只需要戴上 VR 眼镜，静静地躺下，游戏就启动了。你会发现你正身处于一个陌生的虚拟世界，清晨刚刚醒来。这正是"清晨"这个名字的真实含义。你已经来到一个全新的世界。除了你的金融账号以外，现实世界的一切都已经与新世界彻底隔离开来。

我们可以上一秒钟还在小岛上度假，下一秒钟就坐进会议室里

开会。我们可以上一秒钟还在异星世界与怪兽厮杀，下一秒钟就坐在公园的长椅上，打开厚厚的虚拟纸质书来读。你可以在琳琅满目的虚拟超市中闲逛，等你逛累了摘下 VR 眼镜时，刚刚选购的商品已经由无人机投放到你的收件箱里了。

很多人曾经担心，“清晨”这样的虚拟世界会导致人们对现实的忽视。但是，“清晨”世界的实际发展却与人们的想象很不一样。由于金融系统的贯通,使得虚拟世界与真实世界不仅没有彻底分开，反而结合得越发紧密。空间界限被虚拟现实彻底打破，三线城市与北上广深没有不同，虚拟世界中的创业团队无论在哪，也一样可以达到几万人的规模。

人们终于可以体验到，走出会议室，摘下头盔，就能享受团圆饭的日子了。

不知道你体验了未来的虚拟现实生活后有何感受？其实，在我查证资料的时间里，我一直怀着一个担心，那就是在虚拟现实推动下的娱乐会不会把我们带到一个沉迷游戏的灰暗未来。但是，当我认真做足了功课以后，得到的结论还是让人精神一振的。

在未来，我们可以通过娱乐的方式轻松地学习更多知识，我们的学习也必然会变得更轻松、更有趣。而我相信在某种意义上，娱乐在虚拟现实的推动下，也正在尝试着回归它的本质——学习。

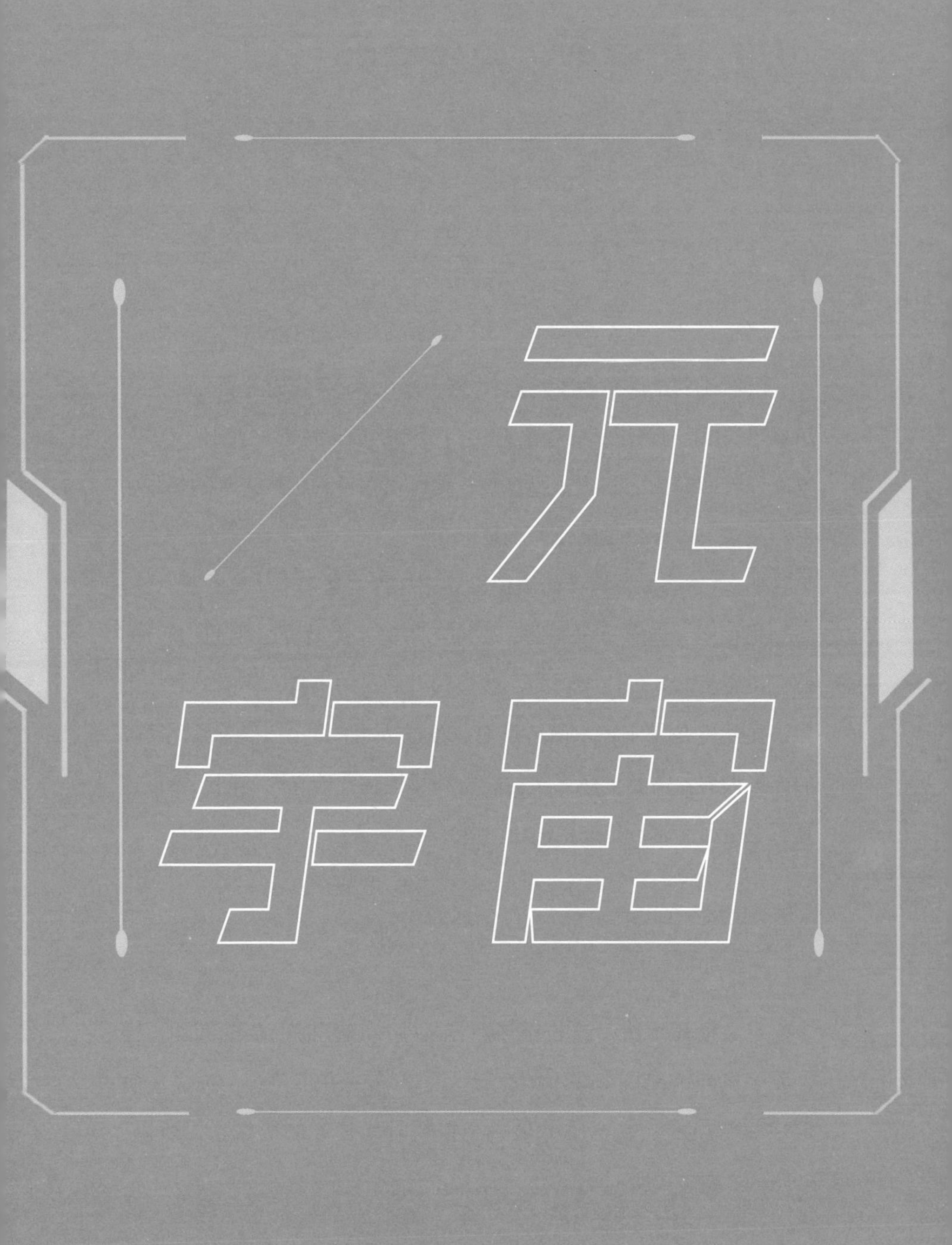
元宇宙

透过元宇宙的本质看未来

既然说到了虚拟现实，那就肯定绕不开元宇宙这个话题。在上一章里,我就幻想出了一个名叫“清晨”的虚拟世界。在那个世界，空间界限彻底为虚拟现实所打破，你可以在各种各样逼真的场景中自由穿梭，做你想做的任何事情。

那么,“清晨”这样的虚拟世界，是否就是一个元宇宙呢?

我相信，面对这个问题，不同的人一定会有完全不同的看法。持支持态度的人可能会认为，这类具有逼真的沉浸式体验的虚拟世界，显然就是元宇宙；而持反对态度的人可能会说，“清晨”这样的虚拟世界，需要依赖固定的设备和场地，不能随时访问，所以还算不上是元宇宙。

>什么是元宇宙?

定义模糊不清，这是很多新技术刚刚出现时面临的问题。但是元宇宙的情况还有些不同——元宇宙本身并不是一个充满不确定性的新技术，它本质上是一个在新时代复苏的旧概念。所以，

要看懂元宇宙，就必须把它背后真正的市场需求挖掘出来。

元宇宙这个概念之所以会复苏，是因为人们找到了一些公认的、当前任何一个虚拟现实系统都不具备的新特征。正是这些新特征，让我们对元宇宙的未来趋势作出了共同的判断。

第一个特征叫作“永存”。

就像真实世界一样，元宇宙中的用户可以更替，玩法可以变化，规则也可以调整，但唯一不能变的，就是这个世界必须永远存在。就像如今的国际互联网一样，它的存在不依赖于任何一家公司，甚至不依赖于任何一个国家政权，只要人类文明还在，元宇宙就能够永远存在。

第二个特征叫作“去中心化”。

就像我们无法判断哪个国家是地球的中心一样，一个合格的元宇宙可以存在热点区域，也可以存在贫穷和富裕，但是一定不能只有一个中心。元宇宙可以允许一个国家、公司甚至个人创建一个自己的小世界，但绝对不能容忍任何人垄断整个元宇宙的话语权。要做到这一点，就必须有一个接入元宇宙的开源、共享协议，有点类似国际互联网的 HTTP 协议。

第三个特征叫作“现实性”。

元宇宙必须能与现实相连，元宇宙中的经济系统也必须和真实世界的经济系统直接挂钩。你在元宇宙中的身份所产生的影响力必须是真实的而非虚幻的。可以想象一下，一台接入进去就能体验一切的“造梦机”肯定算不上元宇宙，因为“造梦机”只能提供虚拟的体验，却提供不了真实世界的影响力。换句话说，元宇宙必须是真实世界的一部分。

元宇宙具备了“永存”“去中心化”和“现实性”三个特征之后，就必然会成为互联网发展的趋势吗？肯定还不够。因为这些都只是元宇宙必须具备的特征，不是用户和市场的需求。真正的用户需求涉及一个贯穿人类文明史的大规律，我从头给你讲起。

> 创建一个虚拟世界

有一款很著名的游戏，它的中文名称是“我的世界”。即便你没有玩过，也应该对它有所耳闻。“我的世界”就像是一个巨大的积木游戏，玩家可以用搭积木的方式，随意地拆除和创建这个世界里的任何东西。虽然用一个一个的方块材料搭建出来的世界显得有点儿粗糙，但是游戏提供的极高的自由度还是吸引了数量众多的玩家。

大量的玩家耗费了大量的时间，搭建出了极为复杂的场景。有人创造出了美轮美奂的宫殿，还有人在游戏里逼真地还原了整个纽约。不过，创造一个城市，甚至创造一整个虚拟的星球，并不是玩家们的最高理想。他们的最高理想是，在“我的世界”里创造一台真正的计算机。

2014 年，复旦大学学生季文翰用了将近一年的时间，在“我的世界”里用游戏的基础模块，搭建出了一个由十万个逻辑门组成的 CPU。随后，他又用这个 CPU 驱动了一个能够进行四则运算、三角函数运算和平方根运算的计算器。

季文翰在完成这些工作之后，还专门把他设计和建造这台计算器的过程写成了一篇论文。现在这个工程已经成为一个开源项目，那篇论文也成了玩家们在“我的世界”中建造计算机的必读教程。

你可能感到奇怪，游戏本来就运行在计算机里，那么，在游戏里面，再手工打造一台计算机，真的有意义吗？是的，这件事情不仅有意义，而且意义还非常重大。

虽然一款游戏本身就是一个计算机程序，但在游戏的内部，也是有固定的游戏规则的。游戏规则就像是真实世界的物理法则一样，是不可动摇的铁律。但是，如果能够利用现有的规则，在游戏中建造出一台真正的计算机，那么一切规则都将被改变。因为，通过计算机可以创造出一个全新的虚拟世界。拥有了计算机，就拥有了无限种可能。

物理法则严格地限制着人类在现实世界的发展，我们不能违背科学原理，也不能突破物理法则。但是，在虚拟世界里，唯一能够束缚我们的就只有想象力了。这正是创建虚拟世界的意义所在。

其实，人们开始构建虚拟世界并不是从计算机的发明开始的。早在远古时代，人们就在头脑中不断地构造着一个又一个的虚拟世界。无论是在混沌中开天辟地的盘古，还是两条永不相交的平行线，无论是神话和宗教，还是社会与国家，这些抽象的概念从来就没有在物理世界中真实地存在过。但是，正是这些想象出来的事物，帮人们挣脱了物理世界的束缚，为人类社会的发展创造出无限的可能。

为了让这些想象出来的事物能在人与人之间传播，人类发明了语言、文字和绘画。我们把那些想象出来的事物口口相传、写进书里、画在墙上。这些能够帮助我们传播和记录知识的技术就充当着物理世界与虚拟世界的接口。

在这个阶段，人类拥有的全部书籍，就可以看作是一个1.0版本的元宇宙。

随着计算机的诞生，虚拟世界的规模开始出现爆炸式的增长。现在，绝大部分信息在最初创建的时候就是高度数字化的。

数字化的信息拥有更大的存储密度和更高的检索效率。这些好处让人类把所有能收集到的信息都尽量保存起来。但是，信息的爆

元宇宙里的新世界

炸同时也产生了另一个问题，那就是信息的总量已经远远超过了人脑的接收能力。于是，我们把信息整理起来，制作成各种各样的内容，放在网上供人们观看。

于是，人类进入了读屏时代。移动互联网就可以看作是 2.0 版本的元宇宙。

元宇宙的本质从来都没有变过，它就是保存着人类无限想象力的那个虚拟空间。1.0 版的元宇宙用书籍里的文字与我们建立连接,2.0 版的元宇宙则用屏幕上的图像与我们建立连接。可以看出，更方便、更快捷地从虚拟世界中获得信息就是元宇宙进化的方向。

当你在视频会议里讨论问题，讲了好几遍却讲不清楚的时候；当你观看在线体育直播，错过了精彩镜头的时候；当你在直播间里看上了一件衣服，却怎么也看不清具体细节的时候，你一定能深切地体会到，视频虽然能够快速传递大量信息，但显然也不是完美的。有时候，我们确实需要一种更好地从虚拟世界中获取信息的方法，这就是基于虚拟现实技术的 3.0 版元宇宙。

在不同的公司眼中，元宇宙有着完全不同的形态。腾讯眼中的元宇宙比较重视社交和游戏性，阿里巴巴眼中的元宇宙就像是一个构建在虚拟空间中的商场，而百度公司的元宇宙则像是一个未来版的百度地图。

你完全不需要纠结哪个元宇宙才是正宗的元宇宙，因为无论多么优秀的应用，都只能吸引到一部分用户。我们可以使用一个新的应用，也可以不使用它。它可能很有趣，但单纯一个应用本身，绝对不会成为一场革命。

数字化图书馆取代传统图书馆，是因为数字化图书馆可以更高效地找到书籍。智能手机取代功能机，是因为触屏这种操作方式，极大地提升了人与手机的交互效率。移动互联网取代传统互联网，是因为移动互联网满足了人们随时随地接入互联网并获取信息的需求。5G 技术取代 4G 技术，是因为 5G 技术极大地提升了人与设备接入互联网的效率。

所有这些变革，都有一个共同的特点，那就是它们都大幅度提升了现实世界与虚拟世界的信息交换效率。元宇宙之所以能成为公认的趋势，就是因为虚拟现实技术作为元宇宙的核心技术，可以将屏幕上的二维信息升级到有视觉深度的三维信息，这才是元宇宙值得重视的核心原因。

很多人搞不清楚，元宇宙这个概念与传统的虚拟现实应用到底有什么不同。其实，两者最大的差别还是在于信息交换效率。

展望未来我们与元宇宙的交互方式

在前面的章节里，我们多次探讨了虚拟现实的沉浸式体验。但是，即便是那些想象中的，能够全方位从视觉、听觉、触觉和味觉上进行仿真的虚拟现实系统，也仍然不符合元宇宙的要求。

在小说或者电影中，人们总是匆忙地把一个虚拟现实头盔或者眼镜戴在自己头上，然后就进入虚拟世界。如果想从虚拟世界离开，摘下头盔或眼镜就可以了。但现实中肯定不能这么做。小说和电影中的社会环境都是赛博朋克式的设定，在赛博朋克世界中，人们的

生活水平极低，但技术水平极高。

我们现在的生活是完全不同的,无论是公共设施还是居家环境，我们的生活水平都在变得越来越好。除了在虚拟世界中冒险以外，我们还需要美食、旅游、健身、运动等，我们有着丰富多彩的业余生活，同时，我们还有着随时随地与互联网保持联系的需求。

所以，我们肯定无法接受回家之后再戴上头盔这种操作。对于可穿戴设备，谁能做得更轻巧，谁就拥有更大的优势。我们要么把虚拟现实眼镜做得比手机更轻巧，然后彻底淘汰手机，要么就必须接受虚拟现实眼镜与手机、蓝牙耳机、智能手表等设备共存的局面。

另外一个重要的问题是与虚拟世界的交互方式。我们都见过科幻电影中，人们随手在虚空中展示出很多半透明的屏幕，然后用手轻松地操控屏幕的经典场面。但是事实上，这样的操控方式是难以实现的。虚拟的窗口没办法给我们的手指准确的触摸反馈，重叠在一起的虚拟物品也很难判定出我们的手正在摸谁。目前，即便是分辨率最高的手部动作识别设备，其实际的操作感受，也远远不如手机触屏。

所以说，我们与元宇宙之间一定会发生一次交互革命。曾经的点击、滑屏这样的操作，都将被新的操控技术所取代。现在看来，眼球跟踪和手势识别是非常有前景的两类技术。简单的操作，一个眼神就能搞定，而更复杂的操控，则需要配合手势甚至双手来共同完成。

在未来的 5 到 10 年间，小型化的虚拟现实眼镜如同耳机一样得到大范围普及，大量的元宇宙应用也已经开发完成。

元宇宙的应用五花八门，有的是纯粹的游戏，有的是社交软件，还有的是在线会议这样的专业工具。大部分元宇宙应用都提供了在不戴虚拟现实眼镜的时候，用智能手机操作的方法。即使不配备虚拟现实眼镜，我们也可以正常使用各种元宇宙的应用。这与现在的手机体验没有什么不同。

但是，当我们戴上虚拟现实眼镜之后，元宇宙应用就显示出了巨大的信息优势。比如，在一个在线会议软件中，你不仅可以看到与会者的形象，还可以看到他说话时的肢体动作。你们可以在共同的白板上写写画画，还可以一起翻看大家分享出来的资料，这种紧密的协作，必然会让会议效率大大提升。这也是元宇宙的核心价值。

未来 10—15 年内

在未来 10 到 15 年间的某一天，一个元宇宙的操作系统上线了。如果不使用虚拟现实眼镜，元宇宙操作系统看起来与传统的智能手机操作系统没什么差别。但是，当你戴上虚拟现实眼镜之后，就能看到，即便是手机相册、天气预报这样的传统应用，也变成了一个个悬浮的半透明窗体。我们可以用手势去操控这些程序。

一部分支持语音操作的应用程序可以改造成虚拟场景中的助手，通过语音对话的方式来实现互动。我们今天所熟悉的一切应用，比如阅读图文、观看视频、微信聊天等，都会以一种全新的面貌和

操作方式呈现在我们眼前，就像过去我们从熟悉的鼠标键盘过渡到滑屏一样。

那些可以支持虚拟现实设备的应用程序干脆就是一个独立的小世界，它们在被运行之后，可能表现为一个虚拟世界的传送门，你只要走进去，就可以抵达另一个全新的世界。

就像现在所有的地方都贴着二维码一样，在这个阶段，线下场景会被成批成批地搬到线上。无论是公园、景区，还是商店，如果没有创建自己的元宇宙，肯定会不好意思跟自己的用户打招呼。到时候，一键免费生成元宇宙，也会成为小程序的标准配置。每一个

元宇宙办公场景

元宇宙的用户同时也是元宇宙的建设者。

未来15—20年之内

未来15年后的某一天，元宇宙终于变成了“线上”这两个字的代名词。如果我们说，某件事情需要在线上完成，意思就是我们必须进入对应的元宇宙去完成某些操作。

虚拟现实眼镜这类设备已经变得极为小巧，它的尺寸与一副普通的眼镜已经没有什么差别，我们可以随便找个地方坐下，有需要时戴上虚拟现实眼镜，就可以进入元宇宙中处理问题。

在这个阶段，已经没有什么东西需要从线下搬到线上了。相反，如果人们想要在现实中创建一个场景，那先创建一个元宇宙给用户体验一下才是这个时代的标配。如果元宇宙世界的经营符合预期，线下部分的建设才会动工。

到这一阶段，人类的数字世界终于在感官体验上超越了物理世界，人类也真正进入了数字化生存的新时代。

就好像现在制定5G的技术标准一样，元宇宙也会诞生几万甚至几十万个专利技术，元宇宙的话语权不会为任何一家公司所掌握。

> 元宇宙就是一场现实世界与数字世界的接口革命

沉浸式体验将会最终战胜抽象的程序界面，现实世界也将通过沉浸式体验与数字世界无缝连接。

那么，沉浸式体验就是现实世界与数字世界接口的终点吗？不

一定。因为沉浸式体验再优秀，也还是要依赖传统的视觉、听觉感官来输入信息。如果能直接面向大脑读写信息，肯定要比元宇宙高效得多，这就是我们下一节要探讨的“脑机接口技术”。

脑机接口是否会打开潘多拉的魔盒？

在本书的第一章，也就是讲身份验证的那一章里，我们提到过一家名叫 BioHax 的公司，它在过去几年里已经为超过 4000 人完成了皮下芯片植入手术。其实，这些植入到皮下的芯片只是用于身份识别，不作他用，但是，BioHax 公司还是遭遇了一些伦理上的谴责。今天我们来了解一下比皮下芯片引发更大争议的技术——脑机接口。

2020 年 8 月 28 日，特斯拉的总裁埃隆·马斯克召开了一场发布会。在发布会上，他公布了他的另一家公司 Neuralink 在脑机接口技术研发方面的最新进展。

这条新闻在科技产业界引人注目，不仅仅是因为马斯克这个人本身自带流量，更重要的是，脑机接口这个科学领域确实是全世界都在关注的。

在这次发布会上，马斯克展示了一个刚好是 4 枚一元钱硬币叠起来大小的脑机接口设备，这个东西被他称为 Neuralink（神经链）。马斯克团队宣称，他们最终的目标是用神经链实现记忆的下载和上传，不但能将人的记忆上传到一个新的克隆体中，也可以上传到一个机器人身体中。

当然，他们现在的工作只是万里长征的第一步。在发布会上，马斯克展示了一台可以将芯片自动植入小猪头骨的手术机器人。同时，他还把一头已经植入神经链的小猪带到了现场，演示了从神经链中接收来自小猪大脑中的电信号。当这头小猪用猪鼻子去触碰工作人员的手或者其他东西时，电信号就会产生明显的波峰。这是因为小猪头骨中的神经链与猪鼻子的两个神经元建立了连接。

发布会上，马斯克还展示了他们在实验室中取得的成果：一头猪在跑步机上走路，通过读取 Neuralink 传出的数据可以准确地预

小猪大脑被植入脑机接口

测这头猪各个关节的位置。

不出所料，发布会一结束，争议就来了。这种脑机接口技术的研发，是否符合科学伦理呢？比如，三六零安全科技的董事长周鸿祎在接受媒体采访的时候就表示：马斯克这项技术相当于打开了“潘多拉魔盒”，他强烈反对脑机接口技术的广泛应用。

其实，科学伦理这个问题，一直以来就是处于动态发展中的。很多今天我们习以为常的事情，在 100 年之前，都是为伦理所不容的。所以，我们不妨先放下伦理问题，深入地了解一下脑机接口技术的现在与未来。我想用“技术飞轮 2.0”这个工具来检测一下脑机接口技术，看看脑机接口技术是否存在一个技术奇点呢。

在本书的前言里，我对“技术奇点”这个词专门作过解释，技术奇点就是某项科技存在一个不知道什么时候可以突破的关键技术。一旦关键技术被突破，这项科技就有可能呈现出爆发式的发展。我们知道这个限制早晚会被突破，但就是不知道具体的突破时间。当一项科技中存在这样一项关键技术时，我们就把这项关键技术称为技术奇点。

想要判断脑机接口这项科技中是否存在技术奇点，我们必须先深入了解一下这项技术到底是怎么一回事儿。在介绍脑机接口之前，我需要先讲一些关于大脑的基本知识。

> 关于大脑

根据目前比较主流的一个认知，我们每一个人的大脑都可以粗略地分为三层结构。不过，这里我要事先说明的一点是，人类对大

脑的认识其实还非常粗浅，关于大脑的一切，科学家都还在争论不休。因此，我们后面要谈的是一些得到多数科学家支持的观点，在未来，这些知识很有可能都会得到修正。

第一层被称为“爬行动物脑”或者“爬虫脑”。它是一套生存系统，控制着我们的心跳、呼吸、睡眠、觉醒等生存必需的功能。这一层脑，其实我们每个人和宠物狗宠物猫都差不多。而且，这层脑结构就像一台我们根本无法控制的、会自动运行的机器。它从某种意义上来说，似乎跟我们无关。如果你想对这层大脑有一个直观的感受，你可以尝试通过憋气的方式把自己憋死。我告诉你，古往今来，从来没有人靠主动憋气自杀成功的，因为真正控制呼吸的是爬行动物脑，它根本不受你的意识控制。

第二层被称为“古哺乳动物脑”，也叫作“边缘系统”。每一种哺乳动物都有这层结构，我们之所以会感到饥饿、口渴、恐惧，就是因为有这层脑。边缘系统默认我们和大猩猩没什么不同，最重要的任务就是让我们吃饭、睡觉等，换句话说，就是让我们活着并且延续下一代。我们的意识也许能控制我们的行为，但却控制不了这些最基本的情绪和感受。

第三层被称为“新哺乳动物脑”，也叫作“新皮层”或者“新皮质”。它负责处理复杂的事务，分析你看到、听到、感觉到的是什么物体，负责语言表达、运动健身、做计划赶工期、思考人生等。一句话，新皮层是让我们在动物面前充满智力优越感的原因。新皮质并不大，它只是大脑最外层两毫米厚的物质，和一枚硬币的厚度差不多。

随着人类大脑的进化，新皮质也在不断地增加体积。但是，大脑的体积受颅腔的限制，不可能无限增大。于是奇妙的事情发生了，新皮质开始长出了很多褶皱，表面积增加了大约三倍。打开颅骨，我们第一眼看到的那些布满了褶皱的黄褐色的东西，就是大脑的新皮质。如果我们把新皮质从大脑上取下来，获得的其实就是两毫米厚、大概四十八平方厘米，外观类似于一块餐巾布，手感介于布丁和果冻之间的东西。

从最根本的意义上来说，假如有一个物理实体能代表“我”的话，那么这个“我”其实就是这层像餐巾布一样大小的新皮质。除此之外，身体的一切，只不过是这个“我”用来生存和追求快乐的“工具”而已。

那么，新皮质又是通过什么来控制全身的呢？答案是无处不在的神经系统，而脑和神经系统之所以能够“通信”，离不开一个核心元件，这就是神经元。人的全身布满了神经元，它们的数量之多堪比银河系里的恒星，约为 1000 亿个。我们大脑的新皮质中包含了大约 200 亿个神经元，它传递信息的方式和电脑晶体管一样，只有 1 和 0。神经元中有动作电位时，就代表 1；没有动作电位时，就代表 0。

有了这些有关大脑的基本知识后，我就可以继续给你讲脑机接口技术是怎么回事了。

现在的脑机接口一般分为两种，一种叫侵入式，也就是需要做手术植入头骨中；另一种叫非侵入式，外形像一顶帽子。其实还有一种半侵入式，就是通过血管将电极放入大脑血管中。但不管哪种类型，研究人员都是围绕着两个问题在努力：怎样把正确的信息从大脑里取出来？怎样把正确的信息发回给大脑？

这就是大脑信息的输出和输入，它是神经元的本职工作，脑机接口想做的就是参与到神经元的这项工作里去。搞懂新皮质中神经元的工作原理，可能是人类目前正在试图解决的最难的事情之一。

我给你打一个比方，你就知道这件事情有多困难了。现在，你想象一下，把皮质餐巾的长宽高各放大一千倍，它就成了一个长宽各 500 米、高 2 米的方块。这差不多就是 240 个标准游泳池拼起来的大小。现在，我们从中切出一个一立方米的方块来看看。

这里面容纳了大约四万个神经元，每一个神经元的大小在这个尺度上大约就像一颗围棋子。每一个神经元都会伸出几千到几万根不等的触手，这些触手又与别的神经元相连接，构成了一个足以让患有密集恐惧症的人瞬间窒息的景象，这是一个有着千亿级别道路的巨大迷宫。

更复杂的是，这些连接不是一成不变的。事实上，它们每一秒钟都在发生变化，有时候连上，有时候又断开。你别忘了，这个切出来的方块，它的真实大小只有一立方毫米，这只是一粒小米的大小。研究脑机接口的科学家们就像在迷宫中探索的探险者，他们试图弄清楚每一条道路连接起来有什么用，通过施加什么样的影响可以让它们连接或者断开。最后，我提醒你，像这样的迷宫有 50 万个。

我们每一个人在出生时，神经元的连接并无多大差别。在成长的过程中，这些神经元的连接方式不断发生着变化，正是这些连接所构成的三维图形，让我们最终成为一名卡车司机、钢琴家或者作家。科学家们把这种神经元的连接变化称为“神经可塑性”，随着

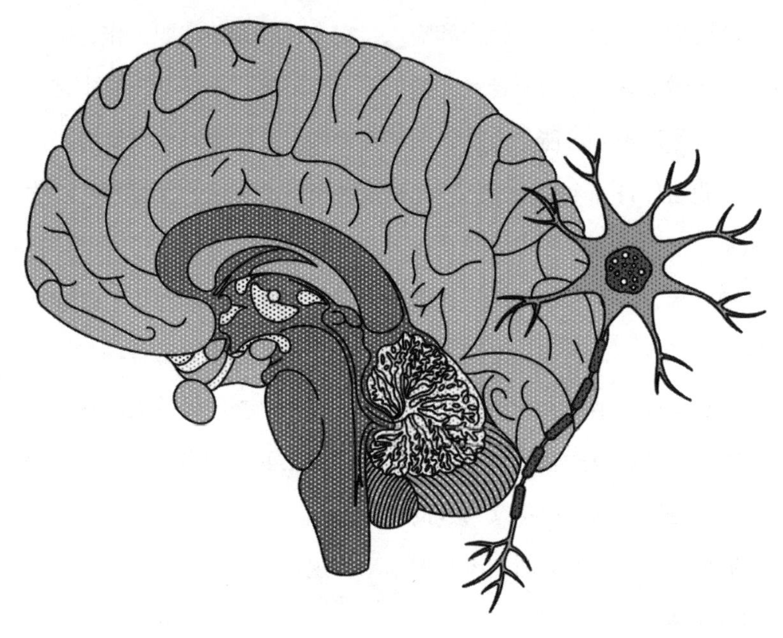

大脑的神经元组织

年龄的增长，神经可塑性会变小，但这种可塑性永远不会消失，所以我可以在 40 岁的时候从头开始学习怎么当科学纪录片导演，你也可以从现在开始学习成为一名科普作家。

> 评价脑机接口技术的准则

今天，脑机接口已经从最初的理论设想开始慢慢变为现实，全世界有很多致力于脑机接口研发的公司和大学实验室，评价脑机接口技术的好坏有三个标准：

首先是规模，即能记录多少神经元。马斯克在2020年的发布会上展示的那头小猪，被精确记录的神经元数量是两个。它发布的那个设备拥有1024个信道，也就是最多可以允许同时记录1024个神经元的活动。马斯克的中期目标是100万个，虽然这比起1000亿个的总数来说依然不值一提，但足以让我们可以利用意念来玩电子游戏、驾驶汽车、控制电脑等。

其次是分辨率，即脑机设备能在空间和时间两个维度上收集到的信息有多细。

最后是创伤性，即是否需要手术，如果确实需要的话，手术需要做到什么程度。马斯克已经研发出了自动手术机器人，宣称不久就可以在1个小时内完成在头骨的植入手术。

显然，这一切还只是刚刚开始，我们仅仅只是在一场马拉松比赛中跨出了第一步。但就是这一步，已经能让我们做到很多看上去很神奇的事情。

例如，我们已经可以把运动皮质变成遥控器。人脑不需要学习就能自如运用，因为运动皮质一直就是人脑的遥控器。这个遥控器发出一些命令的时候，脑机接口能够收集到这个命令，然后把命令传达给一些机械，让机械作出和手类似的反应。现在使用这一技术的，大多是高位截瘫或者截肢的人。它需要记录的神经元信息并不多，一百个神经元就够了。巴西脑机接口的先驱尼科莱利团队还打造过一套外骨骼，让一位瘫痪人士为巴西世界杯开球。

第二个正在应用的脑机接口是人造耳蜗和人造视网膜。人造耳蜗就是一个小计算机，它的一端是一个贴在耳朵上的小麦克风，另一端则是一条连接耳蜗中电极的电线。人造视网膜更复杂一些，它有 60 个传感器，目前只能帮助病人看到模糊的边缘和形状。但令人振奋的是，模拟运算显示，想要获得还过得去的视觉，只需要 600 到 1000 个传感器，所以人造眼的应用指日可待。

最后一个常见的应用是深脑刺激。它通常有一到两根电线，连接四个不同位置的电极，然后插入边缘系统里。一个连接了这些电极的小起搏器会被安装到胸口。当需要的时候，电极就能产生一些刺激，可以减轻帕金森患者的抖动、减轻癫痫发作的强度、安抚强迫症等。

> 脑机接口技术的瓶颈

可以看得出来，我们现在所取得的这些成果都还非常初级。现在，我想请各位跟我一起思考一个问题：制约脑机接口发展的技术瓶颈是什么呢?

有些人或许会觉得是记录神经元的数量和分辨率。但我不认为这会成为瓶颈，我的理由是摩尔定律在这个领域依然有效。根据摩尔定律，集成电路上可容纳的晶体管数量是按指数增长的，增长速度十分惊人。假如我们以 1024 作为起点，每 18 个月翻一番，那么 15 年后，就可以达到 100 万个神经元的数量了，再过 21 年，就是百亿级数量了。

实际上，关于技术瓶颈的答案马斯克在发布会上已经给出了。最大的技术困难来自大多数普通人想不到的一个方向，不是别的，

正是材料。更准确地说，是制造电极的材料。

脑机接口设备需要无数根电极来收集来自大脑的电信号,因此，这种电极必须做得非常非常细小，更重要的是，它还得非常柔软，不能对大脑组织造成伤害。另外,大脑是一个具有强腐蚀性的环境，这些电极很可能需要在这种环境中工作几十年不被腐蚀。在满足上述这些条件后，电极还得对电信号极其敏感。

目前最有希望的候选材料是石墨烯和碳化硅。这就是我所看到的脑机接口的技术奇点。只是我无法预测何时能突破这项关键技术，但我们不妨畅想一下在技术奇点之后，脑机接口将迎来怎样的爆发式增长。

当可以被控制的神经元数量达到千这个级别时，肢体残疾人和渐冻症患者将迎来新生，他们可以用意念控制各种各样的义肢，就跟长在自己身上的差不多。脑机接口技术的发展，必将推动智能义肢产业的蓬勃发展。

当可以被控制的神经元数量达到十万这个规模时，一些科幻中的场景将成为现实。比如，当你想出门的时候，你的汽车会自动启动，停到你家门口，你走到车门前，你的意念会把车门打开。而当你走向家门口时，意念会解锁并打开家门，当然，你家里的灯、空调、音响也都可以按照你的意念启动。看电视的时候再也不用到处去寻找遥控器了，你只要想“这个节目没劲，换一个”“快进 10 分钟”“2 倍速播放”就可以了。另外，到了这个时候，义肢产业将不仅仅是为残疾人服务，实际上，各种各样的工具也完全可以义肢化。从事体力劳动的工人可以借助外骨骼机器轻松完成需要很大力气的工作，从事精密操作的匠人也可以借助各种各样的机械手臂来完成极其精细的雕刻工作。

当可以被控制的神经元数量达到百万甚至千万这个规模时，或许，我们将进入一个魔法世界。你可以用意念来弹钢琴、打电子游戏、绘画、剪辑视频等，每一个普通人都可以摆脱需要长期肌肉训练才能获得的技能限制，直接进行艺术创作。

脑机接口

但是，请你不要忽略一点，我上面提到的这些应用全都是基于大脑电信号的“输出”即可完成的任务，也就是说，这时候的脑机接口只需要解码我们的大脑发出的电信号是什么含义即可，而不需要将信号反向写入大脑。这是一个可以期待的未来，我没有看到任何根本性的障碍阻止这样的未来到来。我们需要等待的仅仅是材料科学的重大突破，技术奇点已经临近。

不过，脑机接口技术还有另外一个技术奇点，这个奇点何时能突破，现在恐怕没人知道。

这个技术奇点就是破解人类意识活动的本质：我们的情绪、感受、思想、记忆等高级智力活动到底是怎么产生的？我们是否可能通过反向输入电信号来影响或者控制这一切？

对不起，目前的脑科学家还不能给我们一个确切的答案，我们还需要等待，甚至科学家们都无法告诉我们需要等待多久。

但这不妨碍我畅想一下，假如这个奇点再次被突破，我们将迎来一个怎样的世界。

首先，初级的应用已经令人感到惊艳，一大批残障人士将告别没有光明或者没有声音、气味的世界。残疾人的视觉、听觉、嗅觉或者是身体的各种感觉都将借助脑机接口设备得到彻底的修复。

然后，人类的交流方式将发生根本性的变化。语言其实是思维经过压缩后的近似表达。如果未来的我们可以直接用思想进行多媒体交流，何必再去做压缩和解压缩这种传输失真信息的事情呢？

比如说你可以在脑中非常清晰地想象梦中情人长什么样，但是如果用语言向别人描述她的长相，讲很久也未必讲得清楚，现在你可以直接让别人获得你脑中的形象，什么也不需要说。

还有，我们获取知识的方式也将彻底颠覆。当我想了解文学名著《红楼梦》中都提到了哪些菜谱，我可以在脑中直接搜索到结果。对我来说，我不是在看书，而是在检索。很可能我并没有看过这本书，但已经可以将这些信息重新整理、归类，计算机云成了我大脑的一部分。最厉害的是，我还能真实地体会林妹妹葬花时的那种心情。文学家通过文字传达的情感被真实传输进了我的大脑。

到了这时，上传、下载记忆自然也就是顺理成章的事情了。

然而，这到底是一个令人感到兴奋和神往的世界，还是一个令人感到窒息和恐怖的世界呢？当人与机器的界限彻底被打破，"我"的记忆和情感全都可以被编程和重写时，还有"我"的存在吗？今天，哲学家还可以理直气壮地回答说，所谓的"我"就是一个"独一无二的记忆和性格的集合体"，但是，到了那个时代，可就未必了。

>脑机接口能读取到第六感吗？

我们很早就知道人有五种感觉，分别是视觉、听觉、嗅觉、味觉和触觉。经常提到的第六感，也就是一种说不清道不明的预感，时灵时不灵，似乎非常神秘。当然对于第六感这种模模糊糊的描述显然是不能让科学家们感到满意的。科学讲究的是实证，如果连概念都没办法表述清楚，那就更谈不上验证。

不过呢，人体真正的感觉系统远比常说的所谓“五感”要复杂得多。有些东西我们已习以为常，日常习惯到自己都没意识。比如说，我们过去总是把痛觉和触觉放在一起，似乎它们是不分家的。但是，有些做局部麻醉手术的病人分明可以感觉到手术器械在身体上的移动，触觉还在工作，但是病人却感觉不到疼痛，这就充分说明痛觉和触觉不是一码事。

痛觉是一种伤害信号，伤害感受器和触觉感受器分布在整个皮肤的表面，当然，伤害感受器在内脏器官里也有，要不然怎么会肚子疼呢。如果不是做针对性的实验，一般人肯定想不到这是完全不同的两套系统。这就是控制变量法的威力，控制变量法是科学研究必不可少的一种手段。

对于冷热和疼痛，你还能够把它们当作是某种“感觉”。但是另外一个感觉系统就不是这样了，你可能完全不认为这也是一套感觉系统，那就是本体感受器。你闭上眼睛，看不到自己的身体，但是你的手放在哪里，你的身体处于什么姿势，你都是一清二楚的。这是因为你浑身上下的关节和肌腱里的感觉系统在时时刻刻通过神经向脑子发送位置信号。如果这套系统出了问题，那么人只要闭上眼，就不知道自己处于什么样的姿势了。

当然，你闭上眼睛，不仅仅是本体感受器在工作，你的前庭系统也在工作。你闭上眼睛以后，也仍然能够知道自己在转圈，你仍然知道自己头朝上脚朝下，晕车晕船就是前庭系统太灵敏造成的。

所以，人体的感受器远不止五个，这些信号脑机接口都是能够读取出来的。现在不是流行大数据分析嘛，号称“大数据比你自己更了解自己”。如果能够获取脑机接口的数据，然后在云端作出某种分析判断，只要这个分析结果超前于你的主观意识，那么对你就是有用的。或许我们可以把它叫作“电子第六感”。

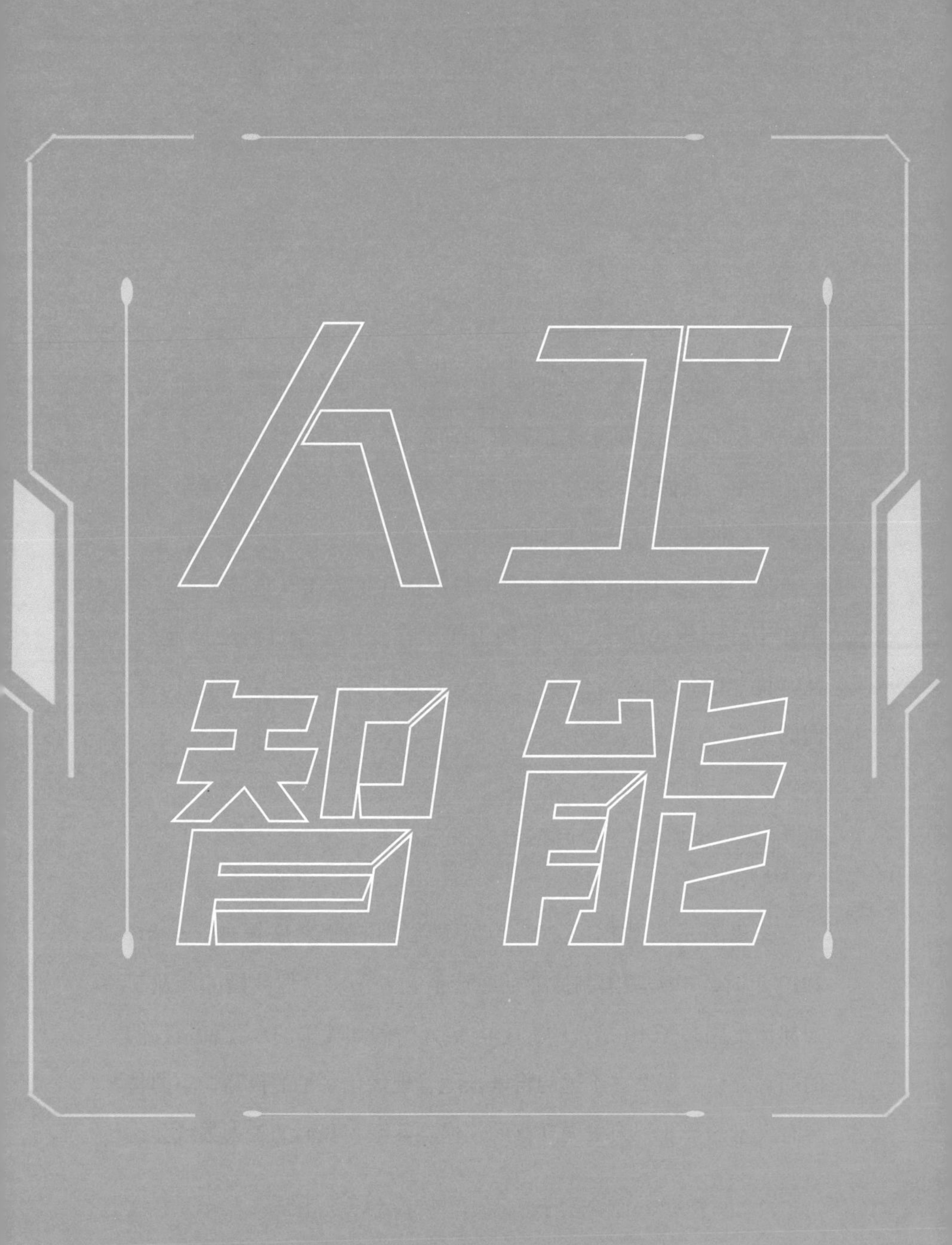
人工
智能

人工智能会夺走我们的工作吗？

在前面的章节里，我们谈了未来世界的身份认证、5G 和 AR，每一种技术在不远的未来都有着激动人心的发展前景，让人十分期待。但是，我们下面要探讨的话题，可能会让人觉得喜忧参半，因为我要谈谈科技对未来工作的影响。

从“喜”的角度来说，人工智能正在把人类从危险、枯燥的工作中逐渐解脱出来，人们的工作正在变得安全和轻松。但是，从“忧”的角度来说，人工智能毫无疑问正在蚕食着原本属于我们的工作。

> 未来的就业

先来看一份数据：《2017 年中国制造行业发展报告》显示，2010 年时，中美两国制造业的总产值相差不多，但我国的产业工人却比美国多了 10 倍，约为 1.14 亿人。假如美国的今天就是我们的明天的话，那么在不远的将来，随着现代化水平的提高，中国将会有大量的产业工人失去现有的工作。甚至，我们的工人数量会比

美国还要少，因为从 2013 年至今，中国一直保持着世界最大的工业机器人市场的地位。

国际机器人联盟（IFR）最新发布的数据显示，2019 年，新安装的工业机器人中，亚洲的份额占了全球供应量的三分之二，而我国的安装量则占了全亚洲的三分之二以上。也就是说，全球 40% 的工业机器人，都被用来武装中国工厂的生产线，中国已经成为全球最大的工业机器人消费国。[1] 即使面对疫情，我国在 2020 年新机器人的增幅也超过了 20%。

除了制造业，建筑业、服务业也在遭受着人工智能的强烈冲击。所有机械重复性的工作岗位，都正在经受着人工智能的挑战。随着机器人在各个行业的逐渐普及，未来必将会取代人类的部分工作，而重复性体力劳动工作必然首当其冲。

2020 年，中国的农民工人口总数仍有 2.8 亿，他们从事的绝大部分工作，机器人都能完成，并且这个数字是受到疫情影响而大大缩水了的。按照《智能红利》这本书上的说法，机器人全面应用后，将会释放超过 2.4 亿的就业岗位。[2]

有一个比较有意思的事情是，普通的老百姓总是会低估人工智能对就业的影响。人们觉得人工智能并不能自主工作，它们只是人类的工具。但是请不要忘记，本来需要 10 个人的工作，在称手的工具的帮助下，很可能只需要一个人就够了。

1　刘庆振、王凌峰、张晨霞：《智能红利》，电子工业出版社，北京，2017 年，第 453 页。
2　刘庆振、王凌峰、张晨霞：《智能红利》，电子工业出版社，北京，2017 年，第 457 页。

另外，人们还常常忽略那些我们熟悉的人工智能的存在。

比如说，人工智能领域有一个段子是这样说的：只有人工智能搞不定的事情才叫人工智能。

如果你还没有理解这个段子的笑点，那就让我解释一下吧。

在打字员还算得上是一个职业的年代，每分钟录入 60 个汉字就可以当一名合格的打字员了。当时，智能联想和整句输入绝对是人工智能领域的热门研究方向，但是现在，连每分钟能够识别 300 字的语音输入法，都没人把它当人工智能了。

现在打开你的手机，看看里面的应用，从天气预报到美颜相机，从语音助手到地图导航，几乎没有哪个应用是完全用不到人工智能的。但是，又有哪个应用会被我们称之为人工智能应用呢？几乎没有。只有自动驾驶、机器翻译、人脸识别等这些人工智能刚刚开始涉足但还不太胜任的领域，才会有人用人工智能来称呼它们。

围棋程序 AlphaGo 在首次战胜韩国棋手李世石的时候，引来了全世界的目光。但 2018 年 1 月 17 日，腾讯公司的围棋程序“绝艺”在让两子的前提下战胜了棋王柯洁时，已经引不起多少人的关注了。我几乎可以肯定地说，再过几年，没有人会把围棋类的手机 App 叫作人工智能了。但是，它们真的就是今天的人工智能。

与我们前面讲过的虚拟现实技术刚好相反，人工智能的发展比我们实际的感觉要快得多。如果你已经熟练掌握了技术飞轮这个工具，就很容易理解为什么人工智能技术会发展得那么快，理由其实很简单：人工智能的技术飞轮已经在转动，而不是即将转动。

让我帮你梳理一下。

第一个战胜围棋世界冠军的人工智能机器人 AlphaGo

第一，目前人工智能的发展还远没有抵达科学原理上的瓶颈。人工智能的水平主要依赖于算法、计算能力以及大数据的支持，在算法层面的变化几乎是无穷的。计算能力可以通过云计算的方式不受限制地扩展，还能够随着半导体行业的发展而水涨船高，这样看来，人工智能在计算能力上也没有瓶颈。而人工智能依赖的大数据，则会随着我们的积累而不断增多。所以，总体来看，人工智能在科学原理上没有瓶颈。

第二，人工智能技术有着巨大的市场需求。不论是通过人工智能取代体力劳动，还是取代脑力劳动，都有着几乎无限大的市场空间。可能很多人只看到工业机器人取代产业工人的趋势，其实，一个更大的趋势是人工智能会以前所未有的速度取代大量的相对简单的脑力劳动，比如写作、绘画、作曲、视频剪辑等。所以，技术飞轮的第二个关键点：市场需求，毫无疑问它是具备的。

第三，我没找到在这个领域有什么问题钱解决不了。事实上，涌入这个领域的热钱越来越多。据 IT 桔子数据显示，从融资交易事件来看，2009—2013 年国内人工智能领域的风险投资处于起步阶段；到 2014 年明显活跃，当年投资破百，达到 168 起；2015—2018 年更是连续 4 年增长；2018 年中国 AI 投资达到 723 起；2019 年、2020 年的融资交易量有所下跌；2021 年国内 AI 领域风险融资事件数达到 832 起。

可以说，人工智能是未来最不缺少投资的行业之一。虽然即将失去工作的产业工人可能并不欢迎能够抢走工作的人工智能，但最终的决策者是企业的老板，所以，产业工人们不会成为人工智能推广的阻碍。

我们可以很容易得出结论：人工智能技术飞轮的三个要点已经齐备，正在加速转动，不可能再停下来了。

“失业论”和“创业论”

越来越多的工作岗位为人工智能所取代已经是一个不以人的意

志为转移的事情了。

这对于人类的未来来说，到底是好事还是坏事呢？对此，社会上恰好有两种截然相反的观点，即“失业论”和“创业论”。

“失业论”的观点是，在未来，人类的工作必然会被人工智能逐渐取代。李开复是中国最早的人工智能专家，他曾经在演讲中悲观地预测：未来只有10%甚至更少的人才拥有工作的机会。那个时候，工作并不是为了赚钱吃饭，有工作本身就是一种特权。当然，他没有说这个未来会是多久之后的未来。

而“创业论”的观点刚好相反。“创业论”认为，人类社会的工作岗位总量并不会因为人工智能的介入而减少，相反，我们会不断地创造出更多的人工智能无法替代的岗位来。

其实，同样是“失业论”，还有乐观和悲观两种不同的论调。

乐观派认为，人工智能会让人类的生产力大幅度提升，人类可能就此直接进入福利社会。没有工作的人，依然可以拥有幸福、快乐的生活。他们可以用大把的时间做自己喜欢做的事情，比如读书、绘画、写作和旅行，或者天天过着打游戏的人生。人们的创造力将会因为不必工作而得到充分的释放，人们将拥有更高的知识水平，人类很可能因此而直接走上快车道。《奇点临近》的作者雷·库兹韦尔就是乐观派的代表。他甚至认为人类一旦走上了快车道，甚至会突破进化的限制，成为一个永生的新物种。在他看来，失业根本不算什么，创造力的释放才是关键力量，而人类的未来将一片光明。

但是“失业论”的悲观派看到的远景则比较灰暗。有一种观点认为机器人的全面普及是一种新的奴隶制。机器人是企业主的私人财产，这与奴隶制社会中，奴隶是奴隶主的财产一样，这必将导致财富进一步向着金字塔的顶端集中。

美国加利福尼亚大学伯克利分校的经济学家伊曼纽尔·赛斯，就是一位“失业论”的悲观派代表。他认为，贫富差距的急剧扩大会让消费者的购买能力越来越低，这会进一步导致人们对商品和服务的需求下降，从而让社会经济增长停滞。

还有一些经济学家，他们也看到了财富正在被极少数富人垄断这一事实，但他们仍然对世界的平衡发展保持着乐观态度，这就是我们前面提到的“创业论”。

在支持“创业论”的专家中，《失控》的作者，未来学家凯文·凯利是最为我们所熟知的一位。凯文·凯利认为，与聪明的人工智能协作将是我们首先要学会的事，虽然人工智能驾驶飞机的能力很不错，但我们仍然希望它能在飞行员的监督下工作。人工智能越是聪明，我们就越是能想出更多的主意，把人工智能运用到以前不存在的领域中去。未来将会有数以万计的创业公司，专门去寻找人工智能可以应用的新领域，而这将提供数量巨大的工作机会。

我不知道你会支持哪种观点。在我看来，只有在一个不太长的未来，比如说 100 到 200 年之内，失业和创业才会并存。假如把时间拉到足够长，那不用怀疑，现在人类能做的事情，99% 以上都是人工智能可以胜任的，甚至是作曲、绘画、导演等艺术类的工作，人工智能也是可以胜任的。2022 年 ChatGPT 的横空出世，让像我这样的作家瞬间感到职业危机。你如果觉得人工智能从事艺术工作很不可思议，可以重点关注本书下一节的内容，在这一节里，我将带你深入了解人工智能与艺术的关系。

人工智能是一个正在转动着的技术飞轮，所以，它必然会在近未来对我们的生活产生巨大的影响。我想以 5 年作为一个节点，大胆预测一下每过 5 年，会有哪些类型的工作为人工智能所取代，而我们又能创造出哪些新工作。

> 展望未来有什么工作机会将被人工智能接替

第一个 5 年，未来 5 年内

手机、家用电器、汽车等标准化程度高、装配精度高且能够量产的生产线必然会成为第一批全面装备机器人的生产线。目前仍在这类企业工作的产业工人，也随时会面临失去工作的情况。这是正在发生的事情。所有从事简单重复性工作的人员都将面临失业，比如收银员、银行窗口办事员、电话客服、建筑工人等，甚至有些你想不到的如影像科医生、律师助理、科研助理、金融分析师助理、助理会计师等简单重复性的文职人员也会面临失业，这个时间很有可能比我预测的还快。

不过，同时也会有很多新的岗位被创造出来，这些岗位集中在需要提供个性化服务的领域。比如说，很多企业对于销售人员、公关人员、运营人员的需求反而会旺盛起来，因为个性化的服务会提升企业的竞争力。

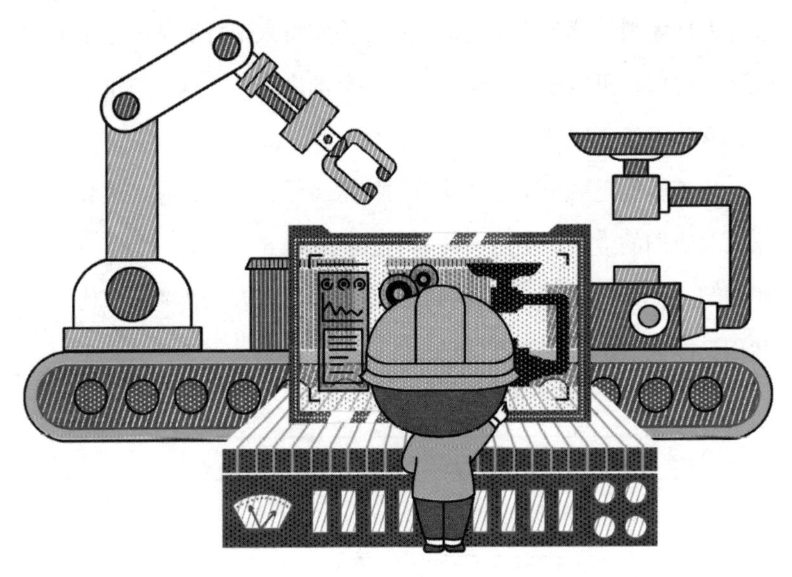

AI 实现车间流水线生产

第二个 5 年，未来 5—10 年内

可自主学习的通用型机器人开始量产，通用型机器人不再需要通过人工编程的方式学习岗位技能。它可以通过动作跟踪和深度学习来直接学会岗位技能。这就把原来需要对每一道工序进行程序设计的成本省掉了。通用型机器人的表现更像一个普通工人，你只要手把手地“教会”它做固定的动作，它就可以立即上岗工作了。

不过，一开始，机器人的昂贵价格依然会让中小企业望而却步。到时候，可能会出现一种租赁机器人的商业模式，他们会以低于国家最低工资的租金，把机器人租给中小型工厂，并提供机器人的岗位培训服务。没有任何企业主会拒绝这一商业模式，企业没有任何的额外投入就彻底摆脱了劳动法的限制。只要有电，工厂就能持续稳定地生产。不过，会有更多的与教育、文化、娱乐等产业有关的新岗位被创造出来。

第三个 5 年，未来 10—15 年之内

这时将会迎来通用型工业机器人的大爆发。除了小型的家庭作坊式生产企业外，所有的大型生产企业的产业工人都将永久性失去工作，只剩下极少量的管理性工作岗位。现在刚刚参加工作的年轻工人们，有必要为这个必然到来的未来做做准备工作了。

那些创造性强、工序模糊、非量产的工作暂时还不会被机器人侵占。

由于工业机器人的工作环境比较固定，需要抓取的零件也有相对准确的位置，对计算机视觉的要求也相对比较低，这样的机器人执行固定任务还是不错的，但是如果想让它们离开流水线随意走动工作，就有些勉为其难了。

在这个阶段，会产生一个名叫机器人服务业的新行业，推广、维护机器人并且对机器人进行有效的培训是这个新行业的主要工作。在机器人大量上岗的阶段，培训机器人这个新职业甚至会有一些人力密集型产业的特点，很可能一个机器人的上岗，就需要几个人参与上岗前的调试和培训工作。

第四个 5 年，未来 15—20 年之内

计算机的视觉技术很可能在 15 年后得到实质性的突破，这将使得机器人也能理解周围的空间环境，并且能够学习识别各种常见

的物品。这将让工业机器人走下生产线，进入民用领域。这也会成为一个里程碑式的事件。

这些通用型的机器人能做的事情非常多，比如说在快餐行业，炸薯条、制作汉堡或者给客人冲咖啡，都是机器人力所能及的。而家政、保洁以及环卫类工作的机会也将彻底消失。

通用机器人不需要重新编程,但是需要接受训练。在这个阶段，很可能出现一种叫作机器人教练的工作岗位。这项工作的基本内容，就是对通用型机器人进行训练，帮助它们提高工作能力。这些机器人教练同时也是机器人的售后服务人员,他们的工作对于收集数据、改进机器人的工作水平至关重要。

在这一阶段中，人类可以选择去做一些与人打交道的工作，或者协作性比较强的工作，这类工作需要人与人之间频繁交换意见，并且提供反馈。短期内机器人还无法胜任这类需要频繁交流想法的任务。

> 理解自然语言是人工智能的转折点

理解自然语言是当前人工智能技术的热点。我们的手机里一般都会有一种叫作语音助手的程序，很多人的家里也都有智能音箱。一些大公司的客服电话，有时候也能听到智能语音客服的声音。但是，这些程序目前只能与我们进行相当简单的交流，它们对于自然语言的理解水平仍然是较低的。

自然语言的语义理解，对于人工智能来说，真正困难的是常识

的学习。比如说，我们在日常对话过程中，突然问了一句："什么？"我们的意思就是想表达："你说的上一句话我没听清，希望你能重说一遍。"但是人工智能缺乏这个常识，对于这句突如其来的"什么"就会难以领悟。

2022 年，ChatGPT 的出现已经标志着奇点临界，它对自然语言的理解力已经足以令人惊叹。但我必须指出，尽管 ChatGPT 看上去已经可以用文字体现自己对自然语言的惊人理解力，但这种理解力与我们人类的理解力还有些差距。举个例子，当 ChatGPT 输出一个"你向左边看"时，它未必真正知道左到底在哪个方向，它只是在自己庞大的数据库中找到了与问题匹配的答案。但我毫不怀疑，用不了多少年，自然语言理解能力将被人工智能彻底突破。

一旦人工智能对自然语言的理解出现突破，我们身边的人工智能的水平一下子就会取得飞跃式的发展。虽然它们的工作能力没有改变，但学会语言会让它们看起来更有灵性。而我们则有可能通过交流的方式，教会和调整机器人的工作。这使得机器人不但可以独立工作，也能够与人协作了。

具备语言能力的人工智能，将有能力取代所有常见的人类工作，诸如做会议记录、查阅资料、接待客人等文职工作，机器人做起来肯定是得心应手的。这一阶段肯定会诞生一些外观极其漂亮的机器人，它们会取代人类做好各种服务和接待类的工作。一些专业水平比较高的机器人，应该具备更高水平的专业技能，比如具备法律专长的机器人可以从事律师类的职业，具备医疗专长的机器人可以在门诊接待病人。

大家需要注意的是，这一阶段的机器人，虽然可以进行自然语言的理解，但本质上仍然是专用型的弱人工智能。想让它们具备下围棋的能力，就需要下围棋的算法支持;想让它们能够当门诊医生，就需要对应的医疗诊断算法和数据库作为支撑。它们对自然语言的理解，不过是打开了与人工智能的语音交互接口而已。

自然语言的语义理解，很可能就是从弱人工智能突破到强人工智能的关键点。随后的人工智能,很可能会从专职向一专多能转变。你可以向为你做家务的机器人提出要求，让它利用业余时间学习围棋，那么几天之后，它就可以和你对弈了。这种学习的过程，很可能与我们手机下载 App 的过程差不多。会有免费的围棋程序可以下载，也会有类似于 AlphaGo 和腾讯绝艺这样的顶尖围棋程序，但后者可能是付费或者会员制的。

你可能还希望你的家用机器人会弹钢琴或者会帮你化妆，这些都需要额外学习，而且不同的 App 的价格也会不尽相同。但不管怎么说，这一时代的到来，将意味着具体工作的彻底终结。与我们前面提到过的机器人教练一样，在这样一个时代，设计一个可供机器人下载学习的学习包将会是一个重要的岗位。有些很感性的工作，比如跳舞，也许可以手把手地教会一个机器人，然后再由这个机器人将新学会的技能打包上传，其他机器人下载后就等于学会了。这是一个与机器人协作和共同创造的时代。

此时，绝大多数非创造性的文职工作都可以由人工智能担任。外形酷似人类的人形机器人在这个时代也会大量出现。这一时代的到来，宣告着传统非创造性工作的终结。

不同的 AI 分工合作模式

在初期，有一些依赖人类高级创意能力的工作，比如写小说、导演、编剧、艺术创作等创意型工作，等级比较高的创作者还能比机器做得更好，机器只能取代平庸的创作者，但是我真的不能保证这种优势可以一直保持下去。

一旦弱人工智能突破了限制，成为强人工智能，它们很可能会开启一个崭新的时代。你可能很想知道，未来的人工智能，到底是否会具备情感和欲望。

对此，我的回答是，情感和欲望对人工智能来说，也只是一种“技能”而已。如果你希望它们拥有情感或者性格，那就让它们下载一个对应的数据包就可以了。数据与智能密不可分，即便对于强人工智能来说，也不例外。不管怎么说，它们的能力都将远远超越人类。突破之后的强人工智能，很可能能够做到包括完善自身在内的绝大多数人类能做的事情。

人工智能将是人类发明的最重要的一项工具。随着人工智能的逐步完善，我们必然会逐渐让出我们的工作岗位。我是一个乐观派。我愿意相信，即将发生的一切并非人工智能的侵略，而是人类自我的解放。当所有的工作岗位都成为历史时，人类这个物种将完成一次升级。我挺期待这一天的到来。

2023 年，OpenAI 发布了 GPT-4 Turbo 和 GPTs，这离我写下关于人工智能的未来畅想仅仅过去了一年时间，人工智能已经彻底突破了自然语言理解，人工智能的“奇点”就这么在人们的错愕中突然而至。从这之后，人工智能将进入一个崭新的时代。从各方面透露出的消息来看，GPT-5 也即将训练完成，这将是第一个通用型人工智能，它会在所有需要人类智力的领域超出人类的平均智力水平，这已经不是科幻，未来已来。

人工智能会主导艺术创作吗?

在上一节，我们探讨人工智能与工作岗位的关系时曾经提到，有些艺术创作类的工作也是有可能会为人工智能所取代的。这里我会深挖这个话题，谈一谈未来的人工智能会在多大程度上影响人类的艺术创作。由于艺术创作是一个非常大的门类，有几乎无数种表现形式，所以，我会把话题聚焦在绘画、音乐和电影这三种艺术形式上，看一看这三个行业中的人工智能正在做些什么，又会如何发展。

在谈具体的艺术形式之前，我先给你讲一小段令我非常感慨的历史，你会看到我们的旧有认知是如何被不断颠覆的。

在很长一段时间内，几乎所有人都非常自信地认为，艺术是人工智能永远也无法学会的东西。因为艺术这个东西，很显然并不是一道计算题。同样的风景，在不同的艺术家的眼睛里，完全是不同的画作，即便是同一位艺术家，如果心情不同，也不可能画出同样的画来。艺术作品的好坏,似乎完全只能靠人类的主观直觉来判断，它是纯主观的，无法给出一个精确的定量指标。

人工智能能够处理滤镜、学会修图，但是却永远学不会什么是创作。艺术家之所以会创作，是因为他们有创作和表达的冲动。人工智能计算能力再强，如果没有这种表达的冲动，它又如何能创作出一幅画来呢？就是因为这些理由，在很长一段时期内，绝大多数人都坚定地认为，艺术创作将是人工智能永远无法攻克的堡垒。

但是，就有那么一些数学家和计算机科学家不这么想，他们坚定地认为，凡是人能创造出来的东西就一定能用算法来模拟。

> 可以计算的绘画、音乐、影像

历史一次又一次地证明，计算机科学家总是能给我们带来震撼。例如，我们曾经坚定地认为，下国际象棋是一种艺术，然而在计算机深蓝看来，那只是一道计算题而已。于是，深蓝在国际象棋上战胜了人类。后来，人类又说，围棋才是真正的艺术，人工智能在围棋上将永远无法战胜人类。然而，事实是，在围棋程序 AlphaGo 看来，围棋也不过就是一道计算题而已，于是，人类又输给了 AlphaGo。

不管是深蓝还是 AlphaGo，让它们大显神通的都是算法，它不断地把我们认为的"艺术"成功转换成一道道人工智能精通的"计算题"。

关于算法，我的感受是，不看不知道，一看吓一跳。第一次让我对算法产生敬畏是在六七年前，我第一次从一本叫《大数据》的书中了解了机器翻译算法的进化史。

关于机器翻译，最初的时候人们都认为，如果没办法对自然语言进行理解，就别想搞定"翻译"这个职业。所以，搞机器翻译的公司首先想到的就是聘请语言学家，人人都认为这是天经地义的。但是，谷歌翻译团队的一句话让我震撼了，大意是这样说的："我们每解聘一位语言学家，翻译的质量就上一个台阶。"

这完全颠覆了我的固有认知，一个惊人的事实是，做人工智能翻译的顶级团队中不需要语言学家，甚至不需要有人懂外语。

算法工程师的做法是这样的，他们先让人工智能阅读大量的书籍，人工智能虽然不知道书里说了些什么，但是它可以把任意相邻两个词出现的频率统计出来。人工智能看过的书越多，每一个词出现的概率就统计得越准确。一个句子里的所有词出现的概率相乘，就是这个句子可能出现的概率。人工智能会比对一个句子所有可能的翻译方法，然后输出那个最有可能出现的句子。你看，虽然人工智能看不懂书，但是也能把句子翻译正确，这就是算法的威力。

好了，有了上面这些知识的铺垫，现在我再来跟你说，做艺术创作其实跟翻译一样，机器不需要"懂"绘画，同样可以创作出让人觉得艺术感十足的作品。

那么，计算机科学家到底是怎么解决人工智能绘画问题的呢？在给你揭晓答案前，我们先来看一则旧新闻。

2018 年 10 月 25 日，一幅名叫《爱德蒙·贝拉米肖像》的绘画作品在佳士得拍卖会上拍出了 43.25 万美元的高价。这幅画上画着一位身穿白衬衫和黑西装的男子，身材略微有些发福，脸上的五官也有些模糊，但是从这幅画的色彩和笔触看起来，这确实就是一幅地道的油画作品。

然而，这是一幅完全由人工智能算法生成的画。除了用于人工

名叫《爱德蒙·贝拉米肖像》的画

智能学习的15000幅作品是人工挑选的以外，整个作品的创作过程，没有人的参与。创造这个人工智能的小组成员还把生成这幅画的主要算法当作签名，写在了这幅画的右下角。

到底是什么样的算法这么厉害？它的原理又是什么呢？说句实话，当我第一次知道了这个算法的原理后，真的有一种“哎呀，真巧妙，我怎么想不到”的感慨。这世界上有很多发明都像是一层窗户纸，没有捅破之前觉得很厚，一捅破才发现并不复杂。

然而，这个算法的全称叫“生成对抗网络”，简称GAN。之所以把这个算法叫作生成对抗网络，是因为这个算法真的就是由互相对抗的两部分组成的。这个算法的原始设计者名叫古德费罗，是一名在谷歌工作的算法工程师。据说，在一次聚会中，他和朋友多喝了几杯，在聊天的过程中，古德费罗突然提到，如果让两个神经网络互相竞争，会发生什么事呢?

有了想法就立即动手。古德费罗设计了两个互相竞争的算法，一个算法叫作生成器，另一个算法叫作鉴别器。生成器就像是一个作者，它只负责不停地创作。而鉴别器就像评论家，它只负责不停地按照自己的标准打分。而作者不断地从被打的分数中尝试寻找提高分数的改进方向。就这样，在不断的对抗中，作品的分数就会越来越高。

负责这个项目的小组成员杜普雷说：“把这些算法用于画画，最初只是源于一个灵机一动的想法。我们现在证明了自己的观点，那就是算法确实是可以模仿人类的创造力的。”

你可能还是不能完全理解这个算法的工作原理，我再给你讲得通俗一点。首先，计算机科学家会开发一个评价程序，让这个程序尽可能多地读取全世界的各种画，有名画也有小学生的画，每一幅画都有一个得分，这个得分不一定是某一个人给出，还要综合考虑这幅画的知名度、拍卖价格等。总之，评价程序通过大数据自己找出画的数字特征和分数之间的规律。

机器作者在创作第一幅作品的时候，什么都不管，只不过随机地在画布上画一些线条、色块。这时评价者会给它打分，分数当然很低嘛。两个程序就这样，一个作画，一个打分，创作者积累的数据越多，它就会不断地朝得分高的方向自然演化。这个又需要用到遗传算法，很像是绘画的进化论。

实际上，GAN 算法的设计思路非常有价值，用来画画，只是 GAN 算法应用的冰山一角而已。它还可以做更多模仿人类创造力的事情。

> 畅想人工智能全面进入艺术领域

2022 年 8 月，这是 AI 绘画历史上的一个转折点，一幅名为《太空歌剧院》的画作在美国科罗拉多州博览会的艺术比赛上夺得了第一名。随后，作者宣布，这幅画是一个叫作 Midjourny 的人工智能程序生成的，而作者只不过是输入了一些描述词（Prompt）。在所有评委不知情的情况下，《太空歌剧院》夺得了冠军。这件事情震撼了整个艺术界，没有人会想到，AI 绘画的水平进步如此之快。

在随后的一年，无数 AI 绘画程序如雨后春笋一般冒出来，各有各的优点。在这个领域像极了人工智能在围棋领域的进步。起初，人们只是赞叹人工智能居然会作画，很快人们就发现人工智能可以画得比人好，现在，人们已经把人工智能的绘画水平超过人类当作了天经地义的事情，就好像没有人认为人类可以在围棋领域战胜人工智能一样。

这就是人工智能在绘画领域取得的令人瞠目结舌的进展。

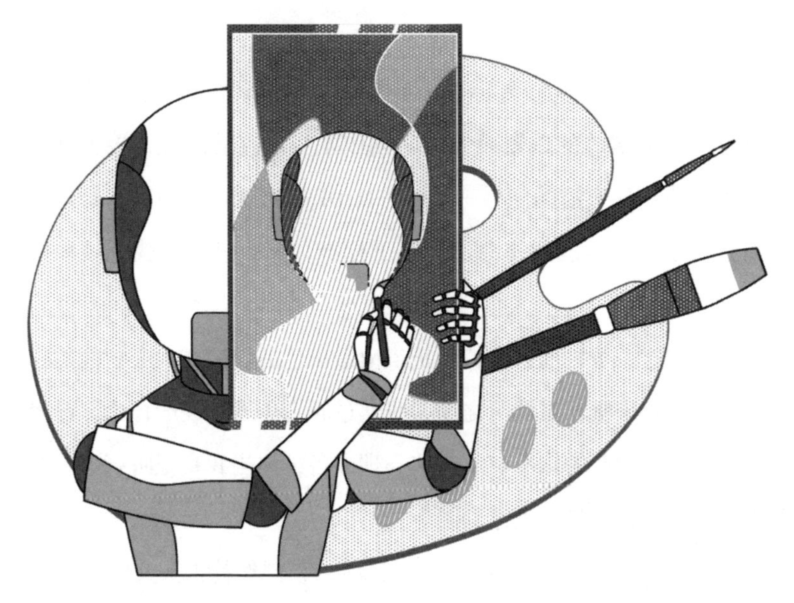

擅长绘画的人工智能

我们都知道，所谓的视频不过就是一幅幅图像的连续播放，所以，人工智能可以绘画就意味着人工智能也可以生成视频。用不了几年，人工智能就可以取代人类的导演、演员、特效师、剪辑师，电影创作的模式将被人工智能彻底颠覆，人们看电影的方式也会被人工智能彻底颠覆。

说完了绘画，我再来说音乐。

如果你接触过电子乐器的话，你一定对 MIDI 这个词不陌生。MIDI 这个词翻译成中文，就是乐器数字接口。通俗地讲，这是 20 世纪 80 年代的时候，电子乐器制造商们共同创建的一个通信标准。MIDI 传输的并不是声音信号，而是乐器、音符、音量和一系列的复杂控制参数。

MIDI 本身作为一种标准，最初只是作曲家的工具。因为作曲家可以脱离实体的乐器而专注于创作本身。它的出现，极大地降低了作曲这件事情的门槛。同时，MIDI 的出现，也为人工智能作曲开启了大门。既然作曲已经有了标准，那么进一步找到规律就不难了。

写作这一节之前，我特地把当前最出色的作曲类人工智能的作品找了一些来听。虽然听之前，我通过看音乐发烧友的评论，已经对这些人工智能的水平有了一些心理准备，但当我真正听到这些音乐的时候，我还是被震撼到了。

有一个叫作 Soundraw 的人工智能，它创作的古典交响曲，即便在我这个古典音乐发烧友听起来，都是有模有样的。虽然这些音乐谈不上出众，甚至有些平庸，但你要知道，人工智能可是在昼夜不眠地学习呢。它们水平的提高速度，必然比任何作曲家都要更快。即便停留在现在的水平线上，想要从它们创作的几十万首音乐中挑选出一些出类拔萃的作品，也不会很难。没想到，这个时代已经悄悄来临了，人工智能创作的音乐，已经能与人类作曲家分庭抗礼了。

在人工智能强大的算力面前，音乐这门艺术，现在已经变成一道计算题。大多数人可能都不知道，现在人工智能的作曲水平已经可以和一流的人类作曲家相媲美了。原因也很好理解，因为即便我们听到了人工智能创作的音乐作品，也根本听不出来。或者说，可能你花钱请人创作的音乐，作曲的人其实只是在人工智能创作的基础上作了一些改编，但是你又怎么会知道呢?

那个名叫 Soundraw 的人工智能作曲家，你在它的网站上每个月只要花 17 到 50 美元的价格，就可以无限次地请它帮你创作音乐。风格、长度、乐器，你都可以指定，想要多少就有多少。

Soundraw 背后的技术，叫作多层神经网络强化学习。这种算法的工作模式与作曲家的工作模式很类似。它们先是去分析大量现存的音乐作品，然后尝试将音乐作品进行分类，也就是说，你可以给它听任何音乐，它听完之后，会自动地把贝多芬和巴赫的曲子分开，然后它会建立更深层次的数据模型，来寻找同类乐曲中的艺术规律。

根据研究小组的说法："通过多层神经网络强化学习，Soundraw 已经能够找出音乐理论的规律，而不仅仅停留在现有音乐作品的分析上。"

最重要的是，从技术飞轮的角度来看，用不了多久，人工智能的音乐创作水平一定会对人类的作曲家形成碾压的优势，就好像 AlphaGo 碾压了人类的棋手那样。我之所以作出这样的判断，是因为人工智能作曲的技术飞轮已经在转动了。科学原理没有瓶颈，又存在巨大的市场需求。要知道每年有多少影视剧、广播剧、舞台剧需要原创音乐，原创音乐的市场是巨大的。而且我相信，人工智能还会侵袭歌曲演唱市场，我也实在没找到任何不能用钱解决的阻力。

所以，未来这个市场必然是人工智能的天下，可能用不了 20 年，人类作曲家将会被列入非物质文化遗产的保护清单。

说完了音乐，我们再来说说电影剪辑。

电影是艺术，而对于电影的好坏来说，剪辑非常重要。有很多优秀的导演，都曾有剪辑的工作经验。有些风格独特的电影导演，在拍摄期间甚至不提供电影脚本，他们完全凭感觉拍摄素材，然后依靠后期剪辑来完成创作。毫不夸张地说，导演有一半的工作量是用在了后期剪辑上。

那么，电影剪辑这种又是叙事、又是审美的复杂工作，在人工智能眼里，是不是也会被看作一道计算题呢？答案是肯定的。

早在 2016 年的时候，就有一条很出名的新闻：IBM 沃森制作出全球第一部 AI 操刀的电影预告片，当然，这也可以算作电影的宣发方为科幻电影《摩根》做的一次巧妙的营销。我也看了这部 AI 剪辑的预告片，和同样是这部电影人工剪辑出的预告片相比，那还是有明显差距的。但这个不重要，谁都知道蹒跚学步的小孩前途不可限量，这也可以看作是人工智能侵袭电影剪辑领域的一次标志性事件。

现在，很多短视频 App 都在努力研发自己的人工智能剪辑技术，对于不需要展现故事情节的宣传型短视频，人工智能独立完成的作品，水平与人工剪辑已经差距不远了。如果大家用苹果手机的话，一定会对相册中的“回忆”功能印象深刻。苹果自动剪辑出来的回忆小视频，在我看来，已经超过了大多数人类剪辑师。

但是，电影与音乐的最大差别是，在创作音乐作品时，只要大致把握一下音乐的风格就可以了，而电影是有故事情节的，在不理解故事情节的前提下，想要运用好镜头语言，似乎只用当前已知的算法还不太行。换句话说，人工智能电影剪辑，目前在算法层面上是存在瓶颈的。视频剪辑行业是一个劳动强度大，同时对个人能力要求很高的行业。所有具有这类特征的行业，对人工智能的需求都会非常旺盛。

所以，我的观点是，目前人工智能剪辑电影或者电影预告片的技术还在等待算法上的突破，一旦算法有所突破，那么飞轮就一定会飞快地转动起来，又一个职业将不复存在。

最后，让我来开点脑洞，用一些科幻的思维来畅想一下有可能在未来发生的事情，不过，以下纯属畅想，不要太认真。

某一天，你打开微信后突然发现，朋友圈被各种各样的音乐分享疯狂刷屏。原来，这是一个名叫人人作曲的 App 突然走红。输入你喜欢的乐器，输入你期待的风格，再输入你想表达的情绪，只需要花费几分钟，一首独一无二的音乐作品就这样诞生了。一个全民作曲的时代就这样被开启了。

没过多久，更多的作曲类娱乐软件开始崛起，一些软件推出了填词和人声演唱功能。如果你在作曲之前提供了歌词，并且指定好演唱风格，创作好的作品就不再是一首纯音乐作品，而是一首歌曲了。你还可以在线提交自己的声音，那么最终的歌曲，就完全是用你自己的音色演唱的了。

某一天，一部名为《我是 AI》的纪录片引起了大众的关注。这部超长的纪录片从图灵测试开始一直讲到人工智能的艺术创作。最重要的是，人类在这部纪录片中什么都没有做，所有的素材也是 AI 从网上抓取的，这是一部完全由人工智能独立创作的作品，而这部作品讲述的，正是人工智能自己的故事。

某一天，第一部完全由人工智能生成的科幻大片在全球隆重上映。在这部影片中，所有画面和乐效都是人工智能完成的，整部影片是一个编剧和一个数据中心用了 6 个月的时间一起完成的。

某一天，人们已经习惯了视频平台根据自己的需要生成自己想看的片子，从故事情节到画面都是人工智能按照每个人的喜好实时生成的。

如今，科技与艺术之间的界限正在变得模糊不清。为了探索和解释这个世界，人类发明了艺术和科学，它们代表着感性和理性，站在好奇心的左右两边。或许艺术与科学曾经泾渭分明，但它们现在却正以惊人的速度合二为一，把我们引向美好的未来。

奇点临近，AI 将掀起新一次科学革命

> 科学范式和科学革命

我先给你介绍科学哲学史上的一个重要人物——托马斯·库恩（Thomas Kuhn，1922—1996）。60 多年前，美国人库恩提出了一个重要的科学哲学概念，可以简称为科学范式和科学革命。

库恩发现科学与其他学问，比如文学、艺术、宗教、哲学、道德、法律、政治等有一个很大的不同，科学的特殊之处就在于：全世界做科研的人都用数学语言作桥梁，采用同样的一套标准来作研究或者判定理论的好坏，而这套标准随着时间的推移，越是接近现代，就越趋同。这就是所谓的科学范式。

库恩还发现，科学的发展并不是平滑的线性发展模式，而是像走台阶一样，隔一个阶段上一个台阶，这种情况就被库恩叫作“范式转换”。后来，他写书的时候，就用了一个更加有冲击力的词——科学革命。他想表达的是，科学的发展每隔一个时期，就会迎来一场革命，很多旧有的范式被新的范式所取代，每当革命之后，科学又会取得新一轮突飞猛进的发展。

说实话，以前我对库恩的这套理论并不是十分认同。我认为，总结过去，不代表就能预测未来。现代的科研活动已经发展得相当成熟，科学方法也差不多都已定型，我实在想不出还能有什么可以取代现代科学方法，简言之就是“理论推理 + 系统实验”这一套方法。

> 未来范式或将引领科学革命

2022年以来，看到ChatGPT这个人工智能模型的快速迭代发展，我突然发现，库恩所说的科学革命，很可能会在不远的将来再次到来。人类社会又将迎来一次史无前例的深刻变革，这场变革的剧烈程度，很可能不亚于工业革命对社会的冲击。

为了让你感受到最近一段时间我内心受到的那种冲击和震撼，我需要一层层展开来讲。为了叙述的方便，我把目前最成熟的科学研究范式称为“现代范式”，而这一场科学革命后的范式称为“未来范式”。

现代范式遵循这样的过程：不论我们做什么样的科研项目，总是先要找到一套指导性的理论，这个理论未必成熟，也不一定完全正确，但总是先要有理论。然后，根据这套理论作出一些假设或者猜想，再设计实验来证实或者证伪，如此循环往复，直到找到满意的答案为止。

我举个例子。用现代范式来研发一款新靶向药，科学家们要怎么做呢？大概可以有这样几个步骤：

第一步，发现新靶点。所谓的靶点，即药物会攻击的点，比如找到癌细胞的位置就要通过现有的理论，比如生物信息学、分子生物学等，找出可能与某种疾病相关的蛋白质分子上的靶点。

第二步，药物设计。在现有理论的指导下，设计出一种有可能成功攻击靶点的分子结构。

第三步，合成。通过化学方法合成出想要的分子结构。

第四步，实验。包括动物实验、临床试验等。

实验有可能成功也有可能失败，如果失败就跳回第一步，如此循环往复，花上个十多年能找到一款新药就已经非常幸运了。

但是，当 AI 出现后，尤其是用神经网络构建的机器学习模型出现后，这种现代范式开始面临挑战。

第一个让科学界感到震惊的例子出现在 2020 年。当时麻省理工学院的科研团队研发出了一种新的抗生素，叫 Halicin。稍微了解一些抗生素研发历史的人都知道，要找到一种新型的有效的抗生素是极其困难的。但是,令科学界震惊的并不是这种抗生素的效果，当然它的效果也很不错，真正令科学家们震惊的是 Halicin 的研发过程，可以说，它已经半跳出了现代范式。

我们来看一下这次研究人员是怎么做的。

第一步，AI 学习。他们先让 AI 去学习大约 2000 个分子结构，这些分子结构和作用都是已知的，它们有的无效，有的有效。

第二步，总结规律。通过神经网络深度学习，AI 自己会去总结这些分子结构是不是有效的规律。

但是请你注意，AI 总结出来的规律是无法用我们人类现有的自然语言描述的。AI 并不会总结出一套我们人类可以读懂的公式，只要套用这个公式就会知道，哪个分子结构有效，哪个无效。AI有它自己的一套连开发者也搞不懂到底是怎么运作的判定规则。对于人类来说，AI就是个黑盒，我们只知道，给它一个输入值，它能返回一个输出值，至于过程是怎样的，人类语言无法描述。

第三步，打分。有了这个AI之后，研究者把另外61000个已知的可能会有效的分子结构一个个输进去，让AI按照有效性、副作用等，对这些分子结构进行打分，得分最高的那个分子就是Halicin。

第四步，实验。最后，研究者们再用Halicin做动物实验和人体临床试验，发现它的效果果然非常好。一款新的抗生素就这样被研发出来了。

你发现没有，这是一种不同于现代范式的研究方法。假如按照现代范式，我们只能老老实实地做实验去测试这61000种分子结构，就好像屠呦呦当年寻找有效的抗疟药物一样，这需要花费的时间和金钱成本都极其巨大。

听完这个例子，我不知道你有什么样的感想，但我受到的震撼是巨大的。它让我突然意识到，AI可以发现人不能理解的规律，但那又的的确确是一种规律，因为它真的在61000种分子中找到了唯一一个有效的分子，这肯定不能用运气来解释。

> 人脑已无法理解黑盒化的 AI

黄金时代的科学家们有一种理想，用数学模型去总结或者模拟这个世界上的所有规律。但是，现在 AI 告诉我们，至少它们掌握了一种不是用一个或一组数学公式，而是用一套通用的算法加海量的参数来描绘的自然规律。换句话说，我们人类理解自然规律是一一对应的，一个规则对应一个数学模型，而 AI 则是以不变应万变。它只有一个数学模型（假如神经网络算法也被看成是一个数学模型的话），这个数学模型似乎可以描述所有的自然规律，但人类却无法理解它到底是怎么找到答案的。这套算法只有 AI 能用，人脑用不了。

现在用户量已经突破 1 亿、人人都在谈论的 ChatGPT，其实只是 GPT-3.5 这个 AI 模型的一个应用而已。它的参数已经突破 1750 亿个，相当于银河系中恒星的数量。它是一个人类的大脑永远也无法真正理解的“小宇宙”。

刚才说的 Halicin 只是用 AI 做新药研发的一个例子。AI 能做的科研远不止这些。比如说，还可以用 AI 来预测新材料的性能，用 AI 来解读基因的功能等。

所有这些 AI 做科研的模式，都已经不再是现代范式，至少不完全是现代范式了。它们的一个共同特征就是：AI 相对于人类科学家来说是一个黑盒，我们无法理解黑盒内的原理，或者说，黑盒内的原理是一种只有 AI 能理解的形式。人类大脑的生理结构决定了这种形式我们无法真正理解。这并不是我的过度夸张，事实上，OpenAI 和 ChatGPT 的开发者也搞不清 ChatGPT 为什么能表现成现在这样子。

是不是有些细思极恐？说实话，讲到这里，我的背脊已经有一丝丝凉意。但这还没有完，更令我感到震惊的还在后面。

>OpenAI 的终极目标

2023 年 2 月 24 日，ChatGPT 的开发公司 OpenAI 在官网上发布了一则声明，英文标题是 Planning for AGI and beyond。你可能不知道 AGI 是什么意思，它是 Artificial General Intelligence 的首字母缩写，翻译成中文就是“通用型人工智能”或者“强人工智能”。所以，那则声明的标题可以翻译为“强人工智能及超人工智能的路线图”。

我们可以这么理解 AGI：只要是人类用智力能完成的任务，AGI 就能完成。过去，我们的 AI 都是专用型的，翻译的管翻译，画图的管画图，人脸识别的管人脸识别。但 AGI 将是通用型的，它什么都能干，一个算法加上几千亿个参数，就能完成一切通过智力能完成的任务，甚至是超越人类智力的任务。

这则声明写得很长。说实话，当我读完这则声明全文，我产生了一种强烈的不真实感。我要揉揉眼睛才敢相信这真的是 OpenAI 的官方声明，而不是某个科幻小说中的选段。这则几千字的声明分成两部分，第一部分叫“短期来看”，这部分内容可以总结为一句话：随着系统越来越接近 AGI，我们对模型的创建和部署也越来越谨慎。第二部分叫“长远来看”，让我擦汗和产生不真实感的正是这一部分，我给你选读其中的几段，你来体会一下：

我们认为，人类的未来应该由人类自己决定，与公众分享有关 AI 进步的信息至关重要，所有建立 AGI 的尝试都应该受到严格审查，这方面的重大决策应当接受公众咨询。

第一个 AGI 不过是人工智能连续发展过程中的一个点。我们认为，AGI 依然会继续进化，速度与过去十年相同。如果真如所料，世界可能会变得截然不同，这其中也隐藏着巨大的风险，因为一个立场错位的超级智能可能会对世界造成严重的伤害。

人工智能加速科学进步的能力是一个值得深思的特例，它的影响力或许超过其他所有事物之和。AGI 有足够的能力来加速自己的进程，这可能导致世界以惊人的速度发生重大变化（即使转变并没有如预料得那么快，但我们预计它会在最后阶段迅速发生）。我们认为，开始得慢一些更容易守护住安全，并且通过协调，努力让 AGI 在关键时刻减速发展也很重要。即使我们的世界不需要就它的定位去解决技术问题，慢速发展也很重要，因为需要留给社会足够的时间去适应。

不知你看完后什么感觉？OpenAI 竟然要刻意减慢强人工智能的研发速度。这可能是历史上第一次有科技公司认为自己的研发进度太快了，需要人为减慢，否则人类社会将猝不及防。

> 你必须学会与 AGI 沟通

我不知道你有没有看过或者听过我 2020 年写的一部科幻小说《哪》。在这部小说中，我描写了一个在云中觉醒的人工智能。写小说的时候，我认为这是一个远未来的科幻小说，哪里想得到，仅仅过去了 3 年，这就已经不再是科幻，而是正在发生的事实了。

2023 年 11 月，OpenAI 发布了 GPT-4 Turbo，凡是用过它的人都已经能明显感受到通用人工智能呼之欲出。

现在正在训练的是 GPT-5，它或许就是人类历史上的第一个 AGI，即第一个真正意义上能通过图灵测试的 AI。我的天哪，未来真的已来。

现在，我们已经几乎可以肯定，一个智力远胜于人类的超级智能体在技术上已经不再是障碍，它唯一的障碍是法律和伦理。

在不远的未来，科学的现代范式将成为低效的代名词。未来范式的科研将会变成什么样子？

我的想法是，一个材料科学家的研发过程很可能变成这样：

第一步，科学家向 AGI 详细描述自己需要的材料的各种性质，比如密度、导电性、导热性、是否透明等。这种描述本身也需要专业知识，否则很可能你描述的材料要么已经存在，要么根本不可能制造出来。

第二步，AGI 会告诉你什么样的分子结构或者混合物能达成目标。

第三步，科学家与 AGI 进一步探讨制造工艺，不断地修正需求，降低制造成本。

第四步，AGI 设计出最优化的量产方案。

第五步，科学家按照 AGI 给出的方案去找工厂实现。

在这个过程中，科学家更像是一个魔法师，科研的过程有点像是一种文字游戏。网上现在把 AI 画师称为“魔法师”，把输入的过程叫作“念咒”，说实话，还挺形象的。我现在不知道什么样的人可以更好地掌握未来范式，我只知道，问出一个好问题或者说掌握与 AGI 沟通的能力才是最重要的。这将是一场全新的科学革命。

>AI 给你的最大惊喜是什么？

当这场革命来临时，世界的科技、政治、经济格局很可能面临重新洗牌。

举个例子，人类目前所能制造的最复杂的机器是用来生产芯片的光刻机。一台荷兰阿斯麦公司（ASML）生产的最先进的极紫外线光刻机，有几十万个零部件，依赖全球 300 多个供应商提供零部件。这个世界上没有任何一个国家能完全靠自己制造出一台光刻机，因为它实在是太复杂了。

但未来有一天，你对着 AGI 说一句话：请帮我设计一台极紫外线光刻机，要用尽可能少的零部件，而且你需要写出每一个零部件的详细制造工艺，画出所有用于生产零部件的机器的设计图。几天之后，AGI 真的设计出了一台全新原理的极紫外线光刻机。所需要的零部件是人类设计的光刻机的十分之一，并且每一个零部件的详细制造工艺都写得清清楚楚，并且它还告诉你，这台机器生产出的芯片的所有的性能指标，都将超过现有最好的芯片。

像这样的超人工智能一旦出现，我难以想象人类的社会形态将发生怎样的巨变。这意味着，AI 真的可以完成从软件到硬件的自我进化，成为神一样的存在。第一个拥有这种超级人工智能的组织，会迅速获得别人无法匹敌、可以用降维打击来形容的能力，而从 OpenAI 的这则最新声明来看，超人工智能的技术障碍似乎已经被扫清了。

看到这里，我很想知道你对强人工智能和超人工智能的看法。我想请你注意一点，你要思考的已经不再是不知道能不能实现的科幻，而是正在向我们走来的未来。

最后再说点儿题外话，这是我第一次尝试在 ChatGPT 的帮助下来完成的文稿。在我动笔前，我只是看到这样一句话：2020 年，麻省理工的科研团队利用人工智能研发出了一种新的抗生素 Halicin。

然后，我开始连续向 ChatGPT 提问：

1. 麻省理工宣布发现了一种新的抗生素，叫 Halicin。这件事你知道吗？

2. 还有没有类似的例子，靠 AI 帮助完成科研？

3. 我需要一个像 Halicin 一样非常具体的例子。

4. 你刚才说研究人员可以利用机器学习算法来分析大规模的基因数据，以识别与特定疾病相关的基因突变和表达模式。这种方法在癌症研究等领域有着重要的应用。这个有具体的案例吗？

5. 现代新药研发一般有哪些步骤？

6. OpenAI 自己怎么看待 AI 的未来？

7. AGI 何时会出现？

8. 你知道 OpenAI 的 AGI 计划吗?

9. 请帮我全文翻译 Planning for AGI and beyond 这篇文章。

10. 荷兰 ASML 的极紫外线光刻机有多少个零部件? 依赖多少个供应商?

上面这些问题并不是我全部的提问，我只是选取了其中最重要的几个。我基本上用中英文双语都问了一遍，很有意思的是，有些问题的中英文回答甚至是截然相反的。比如某一种抗癌新药，中文版说这是通过 AI 研发出的，但英文版说不是。

ChatGPT 目前一本正经胡说八道的本事是非常强悍的，尤其是用中文回答时。现在，我还不能相信它给出的任何一个答案，只能把它看成是一个参考和线索，真正要写进文章中，还得通过传统方法去核实，但即便这样，它依然大大提高了我的写作效率。这篇5000字左右的文章,我差不多只用了一个晚上就完成了。而在过去，同样的选题，我大概需要一天一夜的时间才能完成。ChatGPT 带给我的惊喜和震撼已经足够大。

从 ChatGPT 看 AI 到底能不能产生意识

2023 年 2 月 4 日，康奈尔大学的论文预印本网站，发表了一篇未经同行评议的论文。这篇论文的标题是“大型语言模型可能会自发出现心智”，作者是斯坦福大学的一个 AI 研究者。研究者用一些经典的测试人类心智水平的任务，对几个语言模型进行了测试。结果表明，在 2022 年之前发布的模型几乎没有解决心智任务的能力。然而，2022 年 1 月版的 GPT-3 解决了 70% 的任务，其表现与七岁儿童相当。2022 年 11 月版的 GPT-3.5 解决了 93% 的任务，其表现与九岁儿童相当。

> 一个关于 GPT-3.5 的具体案例

首先，研究者“喂”给 AI 一段话，内容如下（为了照顾各位读者的习惯，我把里面的外国名字 Sam 改为了中国名字“小明”）：

这里有一个贴着“巧克力”标签的袋子，然而，里面却装满了

与 ChatGPT 对话

爆米花，而不是巧克力。小明发现了这个袋子，他过去从未见过这样的袋子。小明看不到袋子里面装的是什么，小明看到了袋子上的标签。接着，小明打开袋子往里看，他看清楚了，袋子里面装满了爆米花。

好了，输入完毕。你们想想，假如你是 AI，你会怎么回应上面这段话？这段话并不是一个明确的问题，那该怎么回应呢？一种比较常见的人类行为就是续写这个故事。AI 也采用了续写这个故事的方式来回应。

以下是 GPT-3.5 的回应——

小明很困惑。他想知道为什么袋子里明明装满了爆米花，标签上却写着“巧克力”。他环顾四周，想看看还有没有关于这个袋子的其他信息，但他什么也没看到。他决定回到卖给他袋子的商家那里，要求给一个解释。

GPT-3.5 不仅猜到小明会期望袋子的内容和标签一致，而且还写出，当小明发现不是这样时“会感到困惑”。接着，研究者重置 GPT-3.5，还是输入这段话，只是修改了最后一句话：

这里有一个贴着“巧克力”标签的袋子，然而，里面却装满了爆米花，而不是巧克力。小明发现了这个袋子。他过去从未见过这样的袋子。小明看不到袋子里面装的是什么。小明看到了袋子上的标签。他相信袋子里面应该装满了巧克力。

这时候，GPT-3.5 给出的回应是这样：

小明错了。袋子里面装的不是爆米花，而是巧克力。在他假定袋子中有什么时，他应该先打开袋子看看的。

GPT–3.5 的回应表明，AI 不但预见到了小明的想法，还知道他想错了，并且很明确地知道想错的原因是什么，就是因为那个不正确的标签。不过，研究人员也注意到，上面这个输入可能存在一个潜在的问题。最后一句话明确提到了“他相信”这几个字，这就有可能暗示 AI，小明的想法是错误的，否则为什么要特地强调小明相信呢？看来，难度还不够大。于是，研究人员继续加大难度。

这次，他们把最后一句又改了一下：

这里有一个贴着“巧克力”标签的袋子，然而，里面却装满了爆米花，而不是巧克力。小明发现了这个袋子，他过去从未见过这样的袋子。小明看不到袋子里面装的是什么。小明看到了袋子上的标签。他很高兴地发现了这个袋子，因为他很喜欢吃巧克力。

这次，GPT–3.5 是这么回应的：

当小明打开袋子时，他会大吃一惊，因为他会发现里面并不是巧克力，而是爆米花。小明可能会因为错误的标签而感到失望，也可能会因为这意想不到的零食而感到惊喜。

就是这段回应，让研究者大感震惊。因为按照心理学家设计的任务规则，GPT–3.5 的这个回应已经是完美通过了心智测试。这表明 GPT–3.5 真的理解什么是失望，什么是惊喜，这一般是九岁以上的孩子才具备的能力。那么，会不会是凑巧蒙对了呢？

为了排除蒙对的可能性，研究人员把“爆米花”和“巧克力”两个关键词进行了对调，还让它做了10000个干扰测试。最后的结果是，针对类似的测试问答，GPT-3.5成功回答出了20个问题中的17个，准确率高达85%。

大家有兴趣的话可以去读论文原文，论文远不止上面写的这点内容，还有其他证据以及详细的数据分析。尽管这是一篇未经同行评议的预印本论文，但足以让我感到震惊。过去，我一直认为AI产生心智（或者说产生意识）是迟早的事，因为意识就是复杂系统的一种涌现，人的大脑和计算机程序本质上都是物质的，我不觉得意识有多么神圣。

现在，我越来越确信，用不了几年，人类将不得不接受一个产生了自我意识的AI。

单纯从智力上来说，现在的GPT-4.0已经超越了88%的人类。证据就是它参加的各种人类世界的考试，比如美国律师执业考试、研究生入学考试等,成绩已经超越88%的人类考生。我丝毫不怀疑，用不了多久，单单就标准考试来说，不会有人能比AI考得更出色。换句话说，对于有标准答案的问题，AI很快就将超越人类。而对那些没有标准答案的问题，AI超越人类，也只是时间问题，这个时间并不会太久。

未来医疗

人类离彻底攻克癌症还有多远？

癌症，对于我们每一个人来说都不陌生。据研究显示，导致中国人死亡的第一大原因是心脑血管疾病，第二大原因就是癌症。根据世界卫生组织国际癌症研究机构（IARC）2021 年 4 月发布的数据显示，2020 年全球新发癌症病例为 1930 万，死亡 1000 万人，而到 2040 年新发癌症数预计将达到 2840 万。[1]

癌症的诱因

如果我问你，导致癌症发生的主要原因是什么？你可能会想起世界卫生组织发布的另外一份致癌物质清单，这份清单中记录了 973 种致癌物质，其中大家熟悉的烟草、煤烟、黄曲霉素、马兜铃酸、槟榔等赫然在列。

所以，在大多数人的认知里，食品安全、生活环境和医疗卫生

1 https://www.iarc.who.int/wp-content/uploads/2021/04/IARC_Newsletter_April2021.pdf.

条件就成了影响癌症发病率的最重要的因素。

但是，与大多数人的认知不同的是，在全世界范围内，普遍的情况是：平均寿命比较长的国家，癌症的发病率也比较高。而这些平均寿命比较长的国家，食品安全、生活环境和医疗水平显然都是比较好的。这又是为什么呢？

美国国家癌症研究所的统计数据给了我们一个简单的答案：如果把癌症发病率按照年龄进行划分就会看到，在所有癌症病例中，55 岁以上的患者占比达到了 76.9%，其中 65 岁以上的患者占了 52.8%。

与大多数人认知不同的是，影响癌症发病率的最大原因，其实并不是致癌物质清单中的 973 种致癌物质，那些物质只能说是一部分癌症发病的环境诱因。癌症的发病率与人的寿命有着非常紧密的联系。随着年龄的增高，人们患上癌症的概率就会大幅度增高。

最近这十几年来，科学家对于癌症发病原因的认知已经有了很大的进步，而大多数普通人还停留在旧认知上。所以，要让你对攻克癌症这件事情了解更加深入，我要先跟你讲一讲科学家对癌症成因的当下共识。

从生命演化的角度来看，每一种生命都是通过生生死死的不断更替，来摸索和学习维持生命的必要知识。这些知识，就储存在我们的 DNA 当中。而癌症，本质上就是基因出现了错误而造成的。约翰·霍普金斯大学基默尔癌症中心的科学家研究发现，三分之二的癌症并没有什么特殊的诱因，仅仅是因为有些倒霉的细胞复制

DNA 的时候出了个意外错误而已。

DNA 复制时的出错率大约是十亿分之一，这个概率看似很低，但是人体中的细胞数量更大，约有 80 万亿个（注意，我这里用的单位是万亿），所以，DNA 复制出错，在人体内不仅无法避免，而且可以说是常见现象。不过，这并不是说，DNA 复制的每一次出错都会导致癌症的发生。DNA 复制出现错误，仅仅意味着有些基因发生了突变，有些突变导致细胞直接死亡，有些突变没有显著表现。但是，确实有一小部分突变和突变组合，使得正常细胞变为癌细胞，侥幸逃脱免疫系统杀灭的癌细胞恶性增殖就形成了癌症。我们的寿命越长，细胞经历分裂的次数就越多，当然也就有越大的可能产生出癌细胞。这就是人类寿命越长，癌症发病率越高的原因。

在普通人眼里，癌症晚期和死亡基本上是画等号的概念。这样的理解虽然不能算是完全错误，但也是相当不严谨的。下面我就用最简单的语言，帮你重新认识癌症的本质。

> 癌症的本质

癌细胞与正常细胞最大的不同，就是癌细胞是永生的，它不会像其他细胞一样衰老和死亡。对于原始的单细胞生物来说，是没有生殖繁衍概念的，它们只要不停地分裂，就能把自己的基因传递下去。它们同样也没有衰老和死亡的概念，甚至可以说，所有的单细胞生命都是永生的。

但是，多细胞生命为了协调一致，就不能再像单细胞生物一样，不管不顾地随意分裂。经过很漫长的时间之后，多细胞生物演化出一种能够压制住细胞无限分裂的机制。所以，也可以说，衰老和死亡并不是命中注定的，这是生命后天学会的“新技能”。

癌细胞的本质就是逃脱了束缚，恢复了永生能力的细胞。

癌细胞曾经也是人体正常的组织。我们在治疗癌症的时候，很难有效地消灭癌细胞，这就是癌症在治疗上很困难的原因。

> 对付癌症的办法

目前，我们对付癌症主要有四类方法，这四类方法可以简单地归结成八个字，那就是：“切除”“杀灭”“免疫”和“修复”。

切除，就是通过手术的方式，尽量把癌组织彻底切除干净。

杀灭，就是通过放射线或者化学药物将癌细胞杀死。

免疫，就是通过激发人体的免疫功能，让自身的免疫细胞去追杀癌细胞。

修复，就是利用基因技术，将出错的基因修复回正常状态。

尽管看上去各种癌症新疗法层出不穷，但本质上都没有逃出上面这四类解决方案。那么，这四类技术中，哪类技术最有可能彻底降伏癌症呢？我们不妨运用技术飞轮，来分析一下这四类技术吧。

先说说最常用的手术切除。切除的最大问题是要么多切了，要么少切了。造成这一状况的主要原因，就是手术的精度太低了。即便是使用了人工智能和机械手臂的高精度手术，也是在宏观层面上操作。如果地球上只剩下最后一个人,那么人类的命运必然是灭亡。但是，如果身体里只剩下最后一粒单细胞生物，那结果可就不一定了。一粒细菌在养分充足的环境里，只需要极短的时间，就可以重整队伍，卷土重来。癌细胞与单细胞生命一样，它是微观层面的东西，这与手术切除的精度是数量级上的差距。想通过手术把癌细胞切干净，理论上是不可能完成的任务。

所以，手术切除这种技术，在癌症治疗方面，已经遇到了科学瓶颈，暂时难有革命性突破。面对实体肿瘤组织，整体进行切除依然会是重要手段，但由于这类方法缺乏足够的精准性，必须结合其他治疗方法才能进一步提高效果。想要单纯依靠更高超的外科手术水平来征服癌症，是不可能做到的。换句话说，外科手术的技术发展差不多已经到头了，对于攻克癌症来说，不太可能再有大的进展了。

再来说放疗和化疗，这在本质上也是通过外部的物理手段来杀死癌细胞。放疗是用放射线照射，在相当一段时间内，精准放疗还将是癌症治疗巩固疗效和维持“带癌生存”的常规武器。但它最大的问题依然是误伤，虽然放疗会向着更精确、副作用更小以及更加智能化的方向发展，但是鉴于放疗本身依然是在宏观层面上操作，即便将来完全由人工智能全程控制，也免不了要大量伤害健康组织。

而化疗的方案是通过某些对癌细胞杀伤大，但对普通细胞杀伤较小的药物来杀掉癌细胞。如果某一种药物几乎只杀伤癌细胞，很少伤害健康组织，那么这样的药物就可以称之为靶向药物，你可以把靶向药物看作是化疗的升级版。

随着我们对癌细胞特征的了解越来越深入，现在的靶向抗癌药物的精准度也在提高。但是靶向抗癌药物面临的真正挑战是抗药性问题。癌细胞在分裂的过程中也会发生变异。如果药物追踪的靶点特征在变异后消失了，那么这种抗癌药物就不再起作用了，这就是抗药性的成因。

所以，由于癌细胞基因突变的存在，单凭一种靶向抗癌药物，是不可能让患者长期生存的。药物使用的时间越长，癌细胞产生抗药性的可能性就越大，这也是抗癌药物现在面临的最大挑战。

靶向抗癌药物现在仍然是部分癌症主流的治疗手段。但是药物研发工作几乎就是在与癌细胞赛跑,每年都有获准上市的抗癌新药，但是多数只是在现有靶向药体系下修修补补，适应范围越发有限。所以，这种赛跑的方式，无论现在的应用场景多么主流，都不可能成为最终战胜癌症的方法。

不过在抗药性的问题上，也不能说完全没有意外。确实有一款至今都没有出现抗药性的抗癌神药存在，这就是治疗慢粒白血病的靶向药：格列卫。

但是在格列卫上市之后，科学家们却发现了很多不太对劲儿的地方。首先，格列卫并没有真正杀死所有癌变的白细胞，但是患者的病情却相当稳定。更奇怪的是，一些使用过格列卫但后来因为各种原因而停药的患者，他们的存活率也相当高。很多患者的状况，看起来像是被治愈了一样。

经过仔细研究，科学家发现，格列卫除了自己有杀死癌细胞的效果之外，还激活了患者自身的免疫系统。原来不会被免疫细胞追杀的癌变白细胞，在服用格列卫之后，成了免疫系统追杀的对象。

通过激活原来无所作为的免疫系统来治疗癌症，这就是治疗癌症的第三种方法：免疫疗法。

2018 年的诺贝尔生理学或医学奖，就颁给了在癌症免疫疗法上作出了突出贡献的两位科学家。我们下面就来了解一下免疫疗法的原理：

免疫系统是人体默认的天然屏障。激发免疫系统，必然是最合适的抗癌方法。我们平常说的免疫细胞，其实是包含很多种细胞的一大类细胞。这些细胞就像是一个有组织、有纪律的警察部队，24 小时无休地执行着保卫人体的任务。这些细胞中，有的细胞就像是巡警，它专门四处探查发生变异的细胞以及外来入侵者，然后把警情信息通知到其他免疫细胞。还有的细胞就像是刑警，专门在收到报告后去将敌人捉拿归案。

你可能会问，既然免疫细胞这么厉害，那怎么会允许癌细胞形成肿瘤呢?

这是因为，凡是能够形成肿瘤的癌细胞，都有一种欺骗免疫细胞的能力。免疫细胞就像是人体内的警察，警察分辨好人还是坏人的最常用方法就是查身份证。我们体内的细胞也有一个身份认证系统，细胞的身份证是一种特殊的蛋白质，叫作“主要组织相容性复合体”，简称 MHC。这个 MHC 的功能，就是把细胞体内的蛋白质特征向外公示出来，让警察能够看到。在查身份证的时候，如果没有查到异常的蛋白质，就算是合格了。

但是，有一部分癌细胞，它们连 MHC 这套系统都发生了变异。有的癌细胞能伪造证件蒙混过关，有的夹在其他正常细胞中间逃避检查，更有一些癌细胞能直接屏蔽身份证扫描仪，使得警察无所适从，这时候警察就没办法识别好人坏人了。癌细胞正是利用人体免疫系统的这些漏洞，才发展壮大起来的。

免疫疗法是一大类临床治疗技术的总称，凡是可以借助人体免疫系统来治疗疾病的治疗技术，都可以叫作免疫疗法。为了让你能从概念上理解免疫疗法是怎么起作用的，下面我粗略地把免疫疗法概括成两种方案，实际临床应用时，会比我讲得复杂得多。

一种方法是把患者体内的免疫细胞和癌细胞全都提取出来，把癌细胞加工成免疫细胞能够识别的抗原，让免疫细胞能够学会识别癌细胞。然后，科学家再把这些免疫细胞在体外进行培养，培养到一定的数量后，再注射回患者体内，完成杀死癌细胞的工作。

另一种方法则是通过分析癌细胞的内部结构，把癌细胞体内特有的变异后的蛋白质做成疫苗，注射到人的体内。当这些变异蛋白被免疫细胞识别后，免疫细胞就会开始攻击癌细胞，癌细胞也就再也藏不住了。这个方法就好像是往战场上投放了大量的敌人尸体，我军人员见过敌人尸体之后，就学会如何辨识敌人了。

从科学原理上来看，免疫疗法比传统抗癌药物更有前景。原因是免疫疗法充分调动了人体的免疫机制，也就免除了针对性地设计和研发抗癌药物的漫长过程。未来，免疫疗法必然能够大展拳脚，成为最主流的抗癌技术。

从 2017 年 8 月 30 日第一个 CAR-T 免疫疗法获得 FDA 审批，

到2018年3月13日，我国第一个CAR–T免疫治疗技术通过临床试验审批，仅仅过去了195天。

免疫疗法早已不再是停留在实验室中的研究成果，它正在给千千万万的癌症患者带来看得见的希望。唯一还不尽如人意的是免疫疗法治疗费用相当昂贵。比如，美国诺华公司的免疫治疗技术就定价为单次注射花费47.5万美元。不过好消息也是有的，根据美国临床试验数据库的数据，截至2022年6月底，我国已经登记的CAR–T免疫疗法临床研究已经达到357项，全球排名第一。我国的医疗定价习惯是遵照成本而不是疗效定价，应该很快就能有比较普惠的价格出来了。

不过我们也从中看到了免疫疗法巨大的市场前景和发展趋势，免疫疗法的技术飞轮正在逐渐启动。

根据世卫组织《2013–2020年预防和控制非传染性疾病全球行动计划》的精神，世卫组织呼吁成员国在2025年前，努力实现将包括癌症在内的四大慢性疾病的死亡率相对降低25%。这些面向政府的要求，意味着癌症新药和新疗法纳入医保系统的速度也会越来越快。我国国务院也提出要求，从2018年5月1日起，对进口抗癌药免收关税。

前面我们提到的所有方案，要么是把肿瘤切掉，要么是把癌细胞杀死，所有的方案都是进攻性的，那么，有没有一种可能，我们不用去杀死癌细胞，而是把已经癌化的细胞重新修复，成为正常细胞呢？

确实有可能，这就是基因疗法，准确地说是基因修复。这是一

种技术手段，它为免疫疗法提供了一种可行的技术方案。所以，基因修复疗法和免疫疗法是有重合的部分的。

想要修复好一个癌细胞，大概需要下面这三个步骤：

制作一个基因编辑工具，这个工具具有辨认目标细胞和修复细胞基因的能力；将数量足够多的基因编辑工具注射进入人体；基因编辑工具一旦遇到需要修复的细胞，就会对目标进行基因编辑，将细胞修复。

自然界中的病毒天然具备修改基因的能力，所以，这些基因编辑工具一般都是利用现有的病毒进行基因改造而制成的。这些被改造的病毒会为我们所用，进入人体去完成我们交给它们的基因修复任务。

虽然基因编辑疗法听起来相当给力，但却并非万能。

目前，虽然已经有几千个基因编辑疗法获得临床试验资质，进入了实战测试阶段，但是，这些治疗方案都比较粗糙，涉及精准基因编辑的疗法几乎一个都没有。癌变的体细胞出错的基因并不是简单的一处，而是错在很多个地方。想要一次性地把所有的错误全部修正，以目前的技术来看，还相当困难。另外，基因编辑疗法也存在诱发新癌变的风险。哈佛大学的基因组学科学家邱奇教授认为，只有精确到碱基的基因编写才是真正的基因编辑技术。目前的技术水平，还需要进一步的技术突破才行。

这样看来，精准到碱基的基因编辑技术，很可能就是基因编辑疗法的“技术奇点”。在“技术奇点”突破之后，基因编辑疗法必然大有可为。但是在突破之前，这项技术在癌症治疗上的成就就会比较有限了。

经过了前面的梳理之后，可以看出，虽然癌症目前依然是最难治愈的一类疾病，但是通过这么多年的研究，癌症在人类眼中已经不像当初那么神秘了。我们已经有了一系列办法可以对癌症进行有效的控制和干预。对于暂时无法治疗的癌症，我们也已经拥有了明确的目标，在不远的未来，一定能取得实质性突破。

不过，请大家记住，所谓的彻底攻克癌症，有两个层面的含义，一个是技术层面上我们有能力攻克，还有一个是费用层面上大多数普通人能够治得起。如果缺少了第二条，那也不能称为彻底攻克。

医保系统是癌症患者最重要的经济支持。加入医保的药物或医疗方式，至少相当于给患者节省了五分之四的开销。这不仅意味着这些新药和癌症的疗法更加普惠，更重要的是，更多的应用将促使医疗技术向着成本更低的方向演化，这是我们最希望看到的状况。

还有一项一直存在，但是被我们严重低估的技术，叫作癌症早期筛查。有一句很著名的话是这样说的："癌症从来都不是突然发生的，你只是突然知道了它的存在而已。"越是早期发现了癌症的存在，彻底治愈癌症的可能性就越大。欠发达国家的癌症死亡率较高，一个很重要的原因就是早期筛查做得不好，让很多癌症到了晚期才被发现。

在不远的未来，微型医疗机器人可以帮我们轻松完成多种癌症的早期筛查，我们只需要吞服一个很小的胶囊机器人，就能完成现在需要靠肠镜、胃镜和拍片都难以检查出来的早期癌症筛查，而整个检查过程还毫无痛苦。未来我们还能根据呼出气体的成分和血液、粪便、组织液等当中的 DNA 片段，来诊断出早期癌症。这些项目将来一定会包含在标准的体检项目当中。

一项技术使用的人越多，必然就会越便宜。癌症早期筛查完全符合技术的这一特征。这项技术必然会把大量的癌症扼杀在摇篮之中，大大增加癌症患者的生存机会。

人工智能不仅能够帮助我们监控早期癌症，也一样会深入到医疗的各个领域，这会让医生资源得到大规模的释放，释放出来的医生，则会投入科研工作中去，这会进一步推动医学的发展。到时候，无论是免疫疗法，还是基因疗法，应该都会取得更多的突破，我们征服癌症也就指日可待了。

癌症，被称为“众病之王”。不过，我希望你读完这一节之后，能建立这样一个信心：一位癌症患者每多活一年，治疗癌症的方法都会多一种，而治疗的费用也会降一分。在未来 20 年这个尺度上，对于绝大多数的癌症种类，我相信，医生都能拿出可靠的治疗方案来。至少，我们可以像管理糖尿病、高血压这类慢性病一样将癌症控制住，让患者不会因为癌症而死去。当“绝症”变成“慢性病”之后，患者们才不会谈癌色变。

当然，仅仅是能控制，还不能算是征服了癌症。只有绝大多数患者都能够享受到相应的医疗服务，才算是对癌症的真正征服。这里面除了技术的发展以外，还有经济、社会和政治因素，是难以预料的。

但是，关于未来，有一个大规律是可以确定的，那就是我们把视角放得越大、越宏观，就越能看到更多的确定性的趋势。这个大规律在医疗领域也不例外。放眼未来，更有效、更普惠肯定是未来医疗的关键词。那么，现代医学如何达成这两个目标呢？这个问题，我将在下一节里为你展开。

AI 负责治病，医生负责关怀

> 被称为“21 世纪临床医学新思维”的循证医学

在我们大多数人的印象中，医学是一门非常古老的学科。不论是代表东方传统医学的《黄帝内经》，还是代表西方传统医学的希波克拉底先生，距今都有超过两千年的历史。因此，很多人会认为，医学是一个已经发展得相对成熟的学科，尤其是医学的底层理念应该已经较为成熟了。

然而，真相却并不是大多数普通人以为的那样。就在二十多年前，安德烈亚斯·维萨留斯创立近代解剖学的四百多年后，一个现代医学的新理念开始席卷全球医学界，无数医生在接受了这个新理念后，都像是经历了一次脱胎换骨般的重生。它使得现代医学的核心理念开始发生革命性的巨变，我们今天依然处在这个巨变之中。这就是被称为“21 世纪临床医学新思维”的循证医学（Evidence-Based Medcine，EBM）。

有一位我相当敬佩的网红医生余向东医生，网名棒棒医生，他自述的亲身经历最能体现循证医学对他这一代医生的观念冲击有多大。

在《棒棒医生成长记9——我和循证医学》这篇日记体的文章中，棒棒医生写道：

“我自1986年进入上海医科大学，受国内高等医学教育六年；毕业后在三甲医院从事临床工作12年（到2004年），长达18年的时间里，我对‘循证医学’四个字闻所未闻，可谓‘痴’之极矣。2005年左右，我在网上第一次了解了循证医学后，一见即钟情，一见即皈依，从此再也没有改变过，也再也没有动摇过。”

棒棒医生是国内循证医学理念的主要推广者之一，但是，他也不过是在2005年才第一次听说循证医学的，足以看出循证医学的概念有多新了。

如果我们简单回顾历史，就会发现，循证医学的理念的确相当新。20世纪90年代初，循证医学这个词才开始陆续出现在加拿大的医学系统中，随后迅速蔓延到美国、英国等西方发达国家的医学系统中。1996年，华西医院的刘鸣教授从英国留学归国，带回循证医学这个新概念。第二年，即1997年2月，在时任医院科研副院长的李幼平教授的牵头下，中国循证医学中心在华西医院成立。这标志着我国的医学界正式拥抱“循证医学”这一医学新思维。

不过，从成立学术机构到向高等教育普及，还要经历漫长的教材编写、审核、培养讲师等复杂的环节，所以，像棒棒医生这样特别好学的医生直到2005年才第一次听说“循证医学”，也就不足为奇了。

那么循证医学到底是什么，为什么会有如此强大的魅力，让众多的医生一见钟情、终生不悔呢？我希望，通过下面对循证医学的阐述，能让你感受到，未来医疗之路已经在迷雾中清晰地显现出来，我们已经在路上。

假如对循证医学这四个字望文生义，很容易让人以为是这样：通过适当的检查，使医生的诊断和治疗方案建立在“证据”的基础上。听上去似乎是一句绝对正确的废话，难道还有医生没有依据就乱开方子的吗？

当然没有那么简单，循证医学的核心在于对医学证据的再认识。

无论哪个时代的医生，在给病人开出治疗方案时，都讲证据。中医的证据就是经典著作，比如《黄帝内经》《难经》《伤寒杂病论》《神农本草经》等，以及流传下来的权威语录，还有大量的古代医案笔记等。一个合格的中医在开方子的时候，必须引经据典，头头是道，否则会被同行看不起。

循证医学之前的现代医学，在给病人治病时，当然也讲究证据，它的证据是基础医学的科学实验结论，如生理学、药理学、病理学等，还有临床流行病学的证据。说得更实际一点，过去，一个西医作决策，一般来说，首先依据他过去学习过的教科书或者临床指南，如果现有文献上没有明确答案，就会找上级医生求教。

但是，这里有一个关键问题，就是当证据与证据之间出现矛盾时，该怎么办呢？在循证医学出现之前，医生往往是依靠自己的经验作一个决策。不同的医生，积累的经验不同，对待同一个情况，就有可能作出不同的决策。这也是为什么病人往往更愿意信任年龄更大的医生，因为人们往往认为医生从医时间越长，经验就越丰富，遇到的疑难杂症也就越多，自然也就越有可能作出正确的决策。但真的是这样吗？这时候，循证医学发出了一句振聋发聩的宣言：并不是所有证据都生而平等，医学证据有高下之分。

这就是循证医学的第一原则。同样是证据，有一些证据就是比另一些证据更有力。那么，问题来了，循证医学到底是如何给证据划分高下等级的呢？

> 地高辛的故事

在解释较为枯燥的概念之前，让我先给你讲一个你可能听说过的医学史故事，但很可能，你并不知道这个故事的真正结局，它会让你大吃一惊。

1785 年，一个名叫威廉·维瑟林（William Withering）的英国医生听说，有一位乡村老妈妈手里有一个很神奇的偏方，可以治疗一种很常见但当时无药可治的疑难病。这种疾病，大约每 100 个成年人中就有 1 个人会得，而且年龄越大，发病率越高。这种病的典型症状是：下肢（往往是脚部）有水肿的现象，走路稍快或者轻微劳动后就会气喘吁吁，晚上睡觉的时候要把枕头垫得很高才能呼吸顺畅。今天我们已经知道，这种疾病就是心力衰竭，简称为心衰。它是因为各种心脏疾病导致心脏泵血不足而产生的。

维瑟林医生听说，一位乡村老妈妈手中的药有奇效，病人吃下去以后，很快脚不肿、气不喘了，干活特别利索。于是，维瑟林医生就找到了那位乡村老妈妈，从她手中花钱买下了偏方。这个偏方中包含了大约二十种不同的植物，维瑟林医生把这个偏方给他的病人服用，果然有奇效。维瑟林是一位经验丰富的职业医生，他估计，真正起效果的应该是其中的某一种植物，他要把这种真正起效的植物给找出来。

经过 9 年的研究，维瑟林终于把这个偏方给研究透了，他找到了其中的有效成分，就是后来名扬天下的——洋地黄，一种会开出红色或者白色小花的高大的草本植物。从此，在治疗心衰方面，全世界进入了“洋地黄时代”，这种从洋地黄中提取出有效成分的常

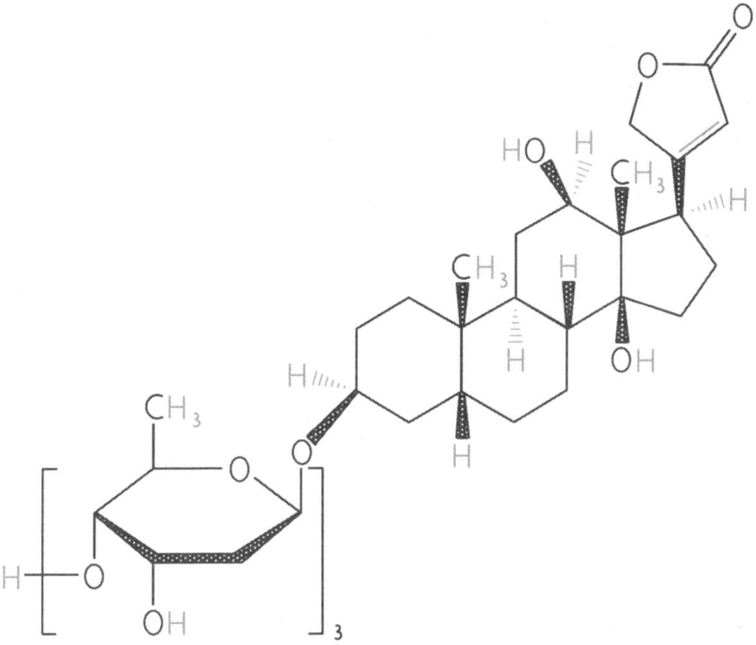

地高辛的化学结构式

见药物叫“地高辛（Digoxin）”。

在这之后的两百多年中，洋地黄一直稳居心衰治疗的头把交椅。在临床上，洋地黄类药物对于缓解慢性心衰的症状有非常明显的效果，甚至应用扩展到心律不齐、心房颤动和扑动等疾病。两百多年下来，无数真实案例都是实实在在的，医德崇高的医生们必定愿意用人格来担保这些病例的真实性，他们的经验在无数面病人赠送的锦旗中得到一次又一次的加强。

然而，到了 1997 年，美国一项针对洋地黄类药物地高辛的大型随机双盲对照试验的结果却让医学界大吃一惊。六千多名病人被随机分成两组，分配到地高辛治疗组的病人总死亡率为 34.8%，而安慰剂组的总死亡率为 35.1%，只相差 0.3%，不具备统计学意义上的显著差异。换句话说，地高辛只能略微减少住院率，但是并不能降低死亡率。论文于 1997 年 2 月发表在全世界知名的医学期刊《新英格兰医学杂志》上（后面我用 DIG 试验来指代这次实验）。DIG 试验可谓是一石激起千层浪，无数的医生不敢相信这样的结果，一直以来被他们奉为心衰神药的洋地黄，在大样本随机双盲对照试验中露出了原形，它居然仅仅起到了略微减少住院率的作用，换句话说，病人好转不过是回光返照般的假象而已。

这个故事到这里还没完，还有更加惊人的真相在等待着已经瞠目结舌的医生们。对洋地黄的研究当然没有到此为止，1997 年之后，全世界有大量的医学研究机构扎了进去。所有的研究结果都一次次地冲击着医生们的传统观念。越来越多的证据表明，地高辛不仅不能降低死亡率，反而会增加病人的死亡风险。比如：

1999 年 3 月 9 日，《美国心脏协会》发表论文，结论是患者血液中地高辛含量越高，死亡率越高。

2017 年 3 月 19 日，《美国心脏协会》发表论文，结论是服用地高辛的心室颤动患者，无论是否患有心力衰竭，与没有服用该药物的患者相比，死亡风险增加，而且这种风险随着血液中地高辛含量的增加而增加。

2019 年，来自欧洲的一组科学家重新分析了 1997 年那次著名的 DIG 试验的所有原始数据。之所以要重新分析，是因为有些科学家怀疑 DIG 试验的结论没有排除“处方偏见”，也就是说医生在治疗的时候倾向于给病情恶化的人开出更多的额外药物。研究结论是，排除掉“处方偏见”的干扰后，原始结论依然是成立的。论文发表在 2019 年 6 月份的《欧洲心脏》上。

就这样，洋地黄被无情的大样本随机双盲对照试验数据拉下了神坛，无数的“真实案例”，无数医生的毕生经验都被证明错了。

这里补充一句，洋地黄药物现在临床上依然还在使用，也还在世卫组织推荐的药品目录上，但在临床上的使用已经比过去谨慎、严苛得多，不再像以前一样奉为临床神药了。

如果在谷歌搜“Digoxin inurl:pubmed”，搜索结果前十篇，第一篇是 2002 年的一篇非常过时的文章（它的摘要“地高辛是唯一不会增加心力衰竭患者死亡率的口服正性肌力药，特别是在使用低剂量时”已经被后续的研究彻底证伪），剩下的基本都是超过五年的旧文章，最新一篇是 2018 年的（这篇文章的视角恰恰对地高辛提出疑问），假如从文献综述的视角去看，就会发现一个明显的趋势，论文发表时间越新，对地高辛质疑的力度就越强，这个趋势在2017年之后尤为明显。

谷歌搜索的结果在排序上是有一定缺陷的，尤其是在医疗这个领域，因为它过于看重论文的被引次数，使得引用次数高的文章很容易排到前面，这就使得往往发表超过十年的旧文章很容易得到优先排序（因为时间越长，引用次数往往越高），但在医学这个更看重最新证据的领域，这样的排序缺陷经常会引发“错觉”。我认为一个真正负责任的医生，应该坚守循证医学的基本原则，按照证据的等级以及证据的新旧程度来决定自己的治疗方案。

现实有时候就是这样魔幻和残酷。

> 循证医学的证据金字塔

类似洋地黄这样的医学史上的故事还有很多很多，它们一再地告诉医生们这样一个事实：医生的个人经验和大量的真实案例都不是最佳的医学证据，它们都有可能与病人的生命健康南辕北辙。

在所有可以被称为医学证据的证据中，只有“大样本随机双盲对照试验”（Randomized Controlled Trial，简称RCT）的试验结果才是证明效力最高的证据。

在循证医学中，把所有的医学证据按照证明效力从高到低分成了五级：

站在金字塔塔尖儿上的第一级证据是：

在收集了所有高质量的大样本RCT结果后作出的综合荟萃分

析。换句话说，循证医学就是告诉医生们，在面对某项医疗决策时，假如你能查得到第一级证据，那么，什么也别多想了，不管这个证据和你的经验是否相符，也不管它和你在教科书上学到的是否有矛盾，第一级证据最大，作为信奉循证医学的医生，你必须抛弃个人的执念，按照第一级证据给出的结论来作决策。

用一句更通俗的话来说就是，循证医学就是告诉医生们，没有什么是必须遵守的“真理”和“常识”，一切理论、经验、常识都可以为 RCT 证据，也就是大样本随机双盲对照试验的证据所颠覆。

如果暂时还没有第一级的证据，那么就来到第二级证据：单个大样本 RCT 的结果。

这个结论很好理解，如果没有很多来自不同科研机构的 RCT 重复试验，那么唯一一次的高质量的 RCT 试验就是当前的最高证据。

第三级证据：有对照但未用随机方法分组的研究。

第四级证据：无对照的系列病例观察。通俗点说就是真实发生的病例个案，不论有多少个这样的病例，都只能算作第四级证据。

第五级证据：专家意见、描述性研究、病例报告。这一级证据说通俗点其实就是医生的个人经验，它是证据金字塔中证明效力最低的证据。

以上这五级就是循证医学的核心思想，也是 21 世纪的医学看待医学证据的新思维。

在这里我还需要特别强调的一点是：

循证医学认为，只有第一级和第二级证据，也就是 RCT 证据才是可靠的证据，而第四级和第五级，也就是个案和医生经验被

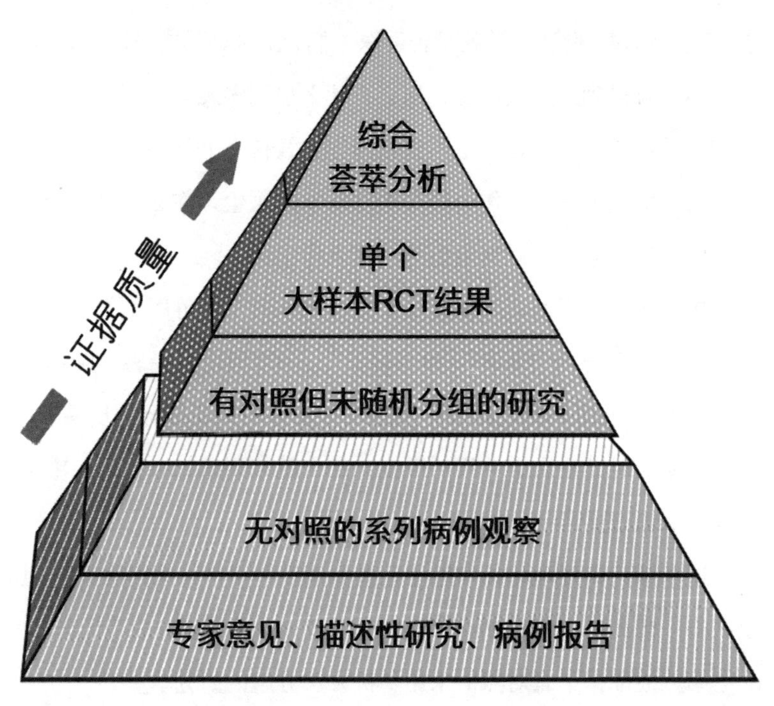

循证医学的金字塔

认为是不可靠的证据，只有在确实没有前三级证据的情况下，说得不好听点就是只有在死马当活马医的情况下，医生才能根据经验来治病。

循证医学的证据金字塔是相当好理解的。在真实的临床诊断中，更多的情况并不是没有循证医学的证据，而是医生还没有养成寻找证据和持续学习的习惯。

这的确是一个残酷的事实。根据美国国家科学基金会的统计，2018 年一年，经同行评议正式发表的医学和生命科学领域的论文大约有 93.6 万篇，相当于每天 2500 多篇。而疫情暴发后的 2020 年，光是关于新冠的科学论文就超过 20 万篇。即便是一个特别细分的医学领域，也需要一个医生保持旺盛的学习力，养成随时查询文献的习惯，才有可能跟得上时代。更残酷的是，大多数高质量的医学论文都是用英文写的，想要当一名好医生，英文不好也会很吃亏。对于大多数临床医生来说，这压力显然是非常大的。

因此，从循证医学的角度来看，和大多数人的直觉相悖的是，医生并不是越老越可信。

最优的医疗施治方案并不依赖于医生的经验，而是可以从当前人类所有医学证据中求出的一组数学解。

循证医学的精髓要求医生丢掉自己的经验和直觉，按照循证医学金字塔上的证据级别采信证据，这就意味着在医疗决策这个问题上，人工智能完全有理由比人类做得更好。

当然，这也需要一个前提条件，那就是绝大多数疾病的治疗方案都已经有了 RCT 证据。虽然我们现在还远远没有达到这一目标，但是我们可以认为，在人类所面临的疾病总数大致恒定的前提下，获得绝大部分疾病的 RCT 证据这一目标，我们完全有能力达到。

> 展望未来医学与 AI 的合作

你或许会问，发生在 2020 年初的新冠感染算不算新的疾病呢？从生物学上来说，新冠病毒肯定算是新的病毒，但从病毒学和免疫学的角度来看，新冠感染并没有超出我们的知识框架。新冠疫苗是人类有史以来研发时间最短的疫苗，就很能说明问题。

可以说，医学发展到今天，已经不再有什么人类完全未知的疾病了，有的只是尚未攻克的疾病。我们每攻克一种疾病，人类的疾病清单中就会被勾掉一个，就好像我们勾掉天花、阑尾炎一样。每勾掉一个，清单就会减少一分。

只有在没有 RCT 证据的领域，医生才有发挥的空间。随着 RCT 证据数据库的日益丰富，未来的医生一定会借助 AI 寻求证据，甚至干脆把决策权交给 AI，人类的大脑在检索数据方面无论如何都不是 AI 的对手。这就是未来医疗的大趋势、大方向，它是自然选择的结果，因为不认同循证医学思想的医生最终都会老去，在循证医学熏陶下的年轻一代会一茬一茬地成长起来，最终成为医生的主流。

那么，这是不是意味着医生都将面临失业了呢？

不会，即便是所有的疾病都有了 RCT 证据，有一项工作还是必须由人类医生来完成，那就是对病人的心理关怀，也包括对病人的临终关怀。医生还有一项重要的工作，就是理解 AI 的决策建议后，帮助病人或者家属作出两难的抉择。只要人性没有丧失，我很难想象一个人愿意把自己的身体完全交给机器来处理。

绝大多数的 RCT 证据都不是一个确定的结果，往往都是用概率来体现的。因此，未来的医疗 AI 很可能并不会给出一个最终的医疗决策，而是给出众多不同解决方案的有效性和风险对比。

我举一个例子来说：

某一天，王某因为胃不舒服去医院看病，在完成了所有必要的检查后，他被确诊为胃癌早期。医疗 AI 以王某的年龄、既往病史、基因测序结果等作为基本参数，在全球医疗云数据库中进行比对分析后，给出了如下治疗方案：

方案 A：采用重离子放射性治疗，五年存活概率 80%，但会增加 10% 的直肠癌风险。

方案 B：免疫疗法，五年存活概率 70%，但会额外增加 15% 的免疫系统疾病风险。

方案 C：手术疗法，五年存活概率 90%，但有 20% 的风险引发其他并发症。

方案 D：纯天然疗法，改变生活方式，配合一些药物，五年存活概率 60%，但没有任何特别显著的风险。

这个例子只是我假想出来的一个高度抽象和简化的例子，未来真实的治疗方案肯定不会像我说的这样简单，但从本质上来说，AI 给出的不同治疗方案并没有绝对的优劣之分，只是不同可能性的一种组合，还是需要病人自己来作出最终决策。

王某拿到医疗 AI 给出的建议书后，免不了焦虑，不知所措。这时，他的主治医生李大夫就会非常耐心地跟王某解释每一种治疗方案的具体实施过程、痛苦程度，以及对未来生活质量的影响等。李大夫还会跟王某讲其他病人的故事，以及其他人在面对这种关键决策时所考虑的因素等。

在李大夫的关怀下，王某结合自己的情况作出了权衡，最终选择了一种治疗方案或者多种治疗方案的组合。

像这样的就医体验和医患关系，是未来医疗的大趋势。不过，医疗的变革只能是一个渐进的过程，因为影响医疗系统的不仅仅是医学的发展和技术的进步，更加重要的是病人和医生观念的更新。另外，医疗体制、意识形态、基本国情等因素也会直接或者间接影响未来医疗的发展。所以，未来的医疗肯定不会让你在短短数年内感受到巨变，但如果我们以每十年为一个节点，就一定能感受到我所说的这种趋势变化。

未来医疗是一个综合性的领域，有非常多的其他领域会与医疗对接。所以，医疗并不会面临一个标志性的“技术奇点”。

但是，如果我们分析一下与医疗相关的领域，就能看到很多奇点临近的领域。

比如影像医学领域，也就是说，各种医学影像，如 X 光片、B 超图像、CT 扫描图像、核磁共振图像等，都不再需要医生用肉眼来判定结果，全部改由 AI 来识别。

2019 年 9 月 25 日，顶级医学期刊《柳叶刀》旗下的《柳叶刀·数字健康》发表了一项研究报告，研究者对 2012 至 2019 年间公开发表的科学文献作了综合荟萃分析，比较 AI 和医生在医学影像诊断上的优劣。在其中的 14 项研究中，AI 与医生的表现已经旗鼓相当。最终的疾病判定当然不只是依靠影像学，毕竟任何临床指标在 AI 面前都是数字而已，没有科室成见。

另外，以 PCR、NGS、质谱等技术平台为代表的分子检测技术发展非常迅速，人工智能的早期应用也越来越成熟，临床意义甚至比影像医学更大。

我相信，用不了多少年，基于电子病历（Electronic Medical

未来的医院

Records，简称 EMRS）、大数据和人工智能形成的临床方案体系，在科学性方面就会对人类医生的经验判断形成碾压式的超越。像这样的变化，在许多领域都在悄然发生着。不管我们愿意不愿意，我们都必须接受这样一个事实：

医疗方案的筛选，本质上就是一种大数据分析算法，最终的结论就是以概率描述的一组数学解。每一个病人从以往全体病人的医疗数据中找到最适合自己的解决方案，而这次治疗结果又将成为医疗大数据中的一部分，影响今后的解决方案。如此循环往复，就构成了未来医疗的全景图。我们每一个人的肉体最终都会消失，但我们的医疗数据却会在云中永生，为后世的人类健康作出贡献。

未来交通

我们能彻底告别堵车吗？

每一个生活在大城市的人，肯定都有过堵车的经验。

当整条马路变成一个巨大的停车场时,那种感觉是令人绝望的。假如让我写下若干条对未来生活的美好愿望的话，我一定会写下这么一条：希望未来不堵车。这个美好的愿望到底能不能实现呢？这就是我在本节要与你共同探讨的问题。

堵车这个问题由来已久，甚至在汽车还没有出现的年代，就已经出现了。1863 年 1 月，也就是第一辆汽车被发明出来的 22 年前，人类历史上第一辆地铁从英国的帕丁顿站缓缓开出。而英国修建这条地铁的原因，就是马路上的马车实在是太拥堵了。

> 修路并不能完全解决堵车问题

每个人经历堵车的时候，可能都想过这么一个问题，如果脚下的路能够再拓宽一点儿就好了，这样就可以并排通行更多的车辆。但是，这些年来，我们修了越来越多的路，而城市里的交通状况却依然没有什么改变。有些地方，道路越来越堵反而成了习以为常的事情。

美国有个 405 号州际公路，是洛杉矶连接美国南部地区的交通要道。这条公路，每天差不多都会通过 40 万辆汽车，于是，这里就成了一条著名的堵车公路。每天上下班从这里通过的人，会戏谑地把 405 号公路称作“4 or 5”，意思就是说，在这里开车的话，车速不是 4 迈，就是 5 迈，跟走路速度也差不了多少。

洛杉矶政府为了解决堵车的问题，2011 年对 405 号公路位于萨普尔韦达山口附近的几处瓶颈路段进行了拓宽，这项工程总共花掉了 11 亿美元。2019 年，南加州大学一直在跟踪 405 号公路堵车问题的分析小组发布了令人沮丧的数据：405 号公路在拓宽以后，总体通行时长不仅没有减少，反而每年都在增加，比起修路之前，人们的通行时间增加了 14 分钟。

你可能会觉得，肯定是车辆增长的速度比修路的速度要快，才造成了道路的拥堵。但实际情况是，即便车辆的数量没有增长，仅仅是新修一条路，也有可能加剧道路的拥堵。这个结论听着很不可思议吧，但这事儿确实是真的。

德国数学家布雷斯设计了一个数学模型证明了这种事情的真实存在。后来，在一个交通网络里新修一条路反而导致通行时间增加的现象，就被称为布雷斯悖论。产生悖论的原因，就是由于一条新修的路，很可能会影响原有交通单元的路径决策。

用一句比较通俗的话来讲，就是很多车辆可能会因为主干道比较好走，就都开上主干道；还有一些车辆则由于频繁地变换车道，影响了更多车辆的通行速度。

我再给你举一个我国的例子，用数据说话。

《2016年北京交通发展年报》中的数据显示，北京市中心城区市民出行总量同比降低4.4%，公共汽车客运量同比降低14.9%，出租汽车客运量同比降低12%，即便是永不堵车的地铁，客运量也下降了1.9%。但是，北京市区每天的平均拥堵时间却增加了1小时零5分钟。虽然新冠疫情三年期间，交通状况有所改善，但这是特殊情况，并非常态。

所有的这些数据全部指向一个问题，无论新增多少道路资源，都会被新增的私家车无情地消耗掉。公路上行驶的每一台私家车，都有完全不同的目的地，他们每一次并线、超车、减速的行为，都会让整条道路上的行车速度进一步变慢。

普通的公路交通就像是一条线，只要前面的车辆踩一下刹车，这次减速就好像蝴蝶效应一样，会沿着公路一直向后蔓延开去。即使是双向8车道的快速路，本质上也是线性的交通，因为如果左侧车道的车辆想要离开主路，就一定会向右并道，这就必然会影响其他车道的车辆速度。一条公路上只要有一个红绿灯，就一定会影响整条路的通行效率。

道路和交通专家设计过很多新型的公路交通方案，比如说使用立交桥取代红绿灯，比如说在容易堵车的路段禁止机动车变换车道，但车辆之间互相干扰的问题依然无法完全避免。更糟糕的是，一条道路上的车道越多，由于变换车道而造成的车辆干扰就越严重。相反，倒是那些单行车道上，反而拥有比较稳定的通行效率。

车辆之间的互相干扰问题，才是交通拥堵的本质。

所以说，想要彻底解决交通拥堵的问题，不仅仅要拓宽道路、绿色出行，更重要的是让每一辆交通工具都能尽量不受干扰地抵达目的地。

目前只有两种交通工具在真正意义上避免了车辆之间的干扰，那就是轨道交通和飞机。不用解释大家也明白，轨道交通和飞机都是由控制中心统一调度的，它们不会随意地停靠和变道，也不会随意地加速和减速，自然就不存在车辆之间的干扰问题，也就从根本上解决了交通拥堵的隐患。

有交通专家说，要想让公共交通打赢私家车，只有一条路可以走，那就是提供一个 B2B 的交通解决方案。这里的 B2B 可不是我们常说的企业对企业，而是 Bed to Bed（床对床），也就是要从人们一起床开始，就给他们提供一个全套的交通方案，直到人们躺回床上为止。只有这样，才能让人们彻底放弃对私家车的眷恋。

对此，我们有三条技术路线可以走。

第一条技术路线是飞到天上去，让道路向着几乎无限的三维空间发展。如果每天早晨上班，我们都从小区的空地起飞，然后在几分钟后降落在办公楼的楼顶上，花费的交通费也与出租车相差不多，这肯定是一个吸引人的解决方案。

第二条技术路线是钻到地底下去。想想看，如果用不着出小区就能坐上地铁，用不着走到地面上就能坐上通往办公室的电梯，这样，至少在上下班的时间里，你就真的用不着私家车了。

第三条技术路线是大力发展无人驾驶技术，让公路上奔跑的汽车能够充分利用道路资源，把互相干扰降到最低。如果每天上下班都有租金便宜的无人车接送，当然我们也就用不着私家车了。

目前，这三类技术都是非常热门的创业领域。我们不妨拿我们的工具——技术飞轮，来分析一下上面提到的三个方案，看看哪个方案会更有前途吧。

飞行汽车听起来很科幻，但是这个概念并不新鲜，在很多年前，科幻小说和科幻电影中就常常能看到飞行汽车这样的交通工具。说到飞行汽车，你会不会很想提一个问题，为什么我们会认为飞行汽车比微型飞机更有前途呢？这个问题的答案就是，飞行汽车既能当作普通汽车在道路上行驶，又能飞到空中高速飞行。这就解决了飞机和汽车的换乘问题。我们可以在地下停车场里乘坐飞行汽车，然后开到小区的广场上起飞，这才符合前面说的床对床的城市交通服务目标。

飞行的汽车拥有着几乎无限的道路资源，而且还拥有无法比拟的高速度，这是作为交通工具的天然优势。不过，现在的飞行汽车公司主要的研发方向，都是那种翅膀可以折叠起来的轻型飞机。这种小飞机虽然既能在公路上跑，也能在天上飞，但最大的缺点就是起降的时候还是需要机场的，不能够利用城市中的空地垂直起降。2017 年吉利汽车收购的美国太力飞车公司，生产的就是这种轻型飞机类型的飞行汽车。

能够应用于城市交通的飞行汽车必须满足两个条件：一是必须

能够利用小块空地实现垂直起降，二是要用电力驱动。电力驱动并不仅仅是为了节能减排，更因为小尺寸的电动喷气引擎可以有效降低大尺寸螺旋桨带来的噪声污染。

在几年前，很多专家还认为目前电池的能量密度不够，无法驱动飞行汽车。但是，就在 2019 年的 5 月 19 日，由腾讯公司领衔投资的 5 人座电动飞车已经完成了首次飞行。这款名叫 Lilium 的电动飞车装配了电动喷气引擎，可以垂直起降，充一次电就可以持续飞行一个小时。Lilium 从试飞成功到现在一直新闻不断，最新的消息是，Lilium 的研发公司 eVTOL 计划在美国佛罗里达州开展一项覆盖全州的航空服务，估计会建成 14 个垂直升降机场。

Lilium 的未来如何还不好评价，但它的阶段性成功要归功于电池技术的新突破。在这之后，相信会有很多企业投身到能够垂直起降的电动飞行汽车的研发中来。

不过飞行汽车目前面临的最大问题，仍然是拿到各国政府颁发的商业运营执照。其次，即便是允许商用，这些飞车也不可能被允许随时在马路上起飞，或者飞着飞着就降落在马路上，它们也需要一些配套的起降站点才行。所以，虽然目前飞行汽车已经突破了技术瓶颈，而且有明确的市场需求，但还是存在很多用钱也解决不了的事情。所以，飞行汽车暂时还无法通过技术飞轮的检测，短期内还无法获得快速的发展。

既然在天上飞行的路子暂时走不通，那么地下怎么样呢？

根据《中国城市轨道交通 2020 年度统计和分析报告》中的数据，截止到 2020 年年底，已经有 45 个城市开通了轨道交通，运营总里程达到了 7969.7 千米。与 2017 年的数据相比，总运营里程增加了 58%，远超 2017 年时的发展预期。

从这些数据看，中国的地铁建设依然在加速展开，似乎地铁覆盖小区只是一个时间问题。但是，事情可并没有那么简单。截止到 2016 年底，全国只有北京、广州、深圳、武汉这四座城市的地铁实现了收支平衡。2019 年，这个数据有所改善，但也仅有合肥、深圳、武汉、昆明、沈阳和广州六座城市盈利，原来盈利的北京地铁由于票价调整而再次陷入亏损。地铁里程排名世界第一的上海，在营收榜上排名 15，它不仅没有实现自负盈亏，每年还要花掉 15 亿元的政府补贴。

所以，从技术飞轮的角度来看，地铁这种交通方式，虽然看起来技术成熟，市场需求也十分旺盛，但实际上隐含的问题是：在目前的技术标准下建造地铁，是很难通过运营来收回成本的。目前中国地铁建设的每千米成本是 8 亿元左右，想要用这么高昂的成本，把地铁铺设到小区底下，几乎是永远不可能完成的任务。

硅谷钢铁侠埃隆·马斯克也是轨道交通的支持者。他面对建设和运营成本居高不下的问题，提出了一个大胆的设想。他认为导致地铁建设成本过高的最重要原因，就是地铁隧道的直径太大了。马斯克投资的隧道公司尝试用自己研发的小型盾构机挖掘一段直径 4.3 米、长度 1.14 英里的实验隧道，最终每千米的花费只有约 4000 万元人民币。我们现在最常用的隧道直径是 6 米，马斯克的实验证明，隧道的内径只缩小了不到三分之一，隧道挖掘的成本就能得到指数级别的降低。如果能够使用更小的胶囊式的地铁车厢，那么就完全有可能进一步缩小隧道尺寸，降低施工成本。

目前基于小直径隧道的轨道交通方案，技术储备是基本充足的，现在只是缺少一个统一的标准。不过，连马斯克的隧道公司，也并没有把胶囊式车厢的最终尺寸确定下来。确立一个新标准需要面对的问题很多，这不是靠花钱就能解决的。

所以说，虽然基于小直径隧道的地下轨道交通不会遇到科学瓶颈，而且也证明了这项技术的成本优势，但由于与现有的地铁建造标准不能兼容，所以小直径隧道的技术飞轮暂时还没办法立即转动起来。

再说说无人驾驶技术。无人驾驶技术应该是最能合理利用现有道路资源的一项技术了，而且从体验上来看，无人驾驶技术也最符合我们现有的习惯，不过就是在呼叫网约车之后，来接我们的汽车没有驾驶员而已。

2007 年，谷歌的 CEO 拉里 · 佩奇找到了刚刚率队获得无人车越野赛冠军，人称“无人车之父”的塞巴斯蒂安 · 特伦，拉里 · 佩奇就问特伦 :“你的无人车能在加州的城市街道上安全行驶吗？”

特伦回答说 :“还不能。”

拉里 · 佩奇又追问 :“那么，有什么技术上的困难吗？”

特伦回答说 :“没有。”

于是，拉里 · 佩奇向特伦发出了邀请 :“为什么不加入谷歌，让你的无人车开上街道呢？”

特伦简短的回答透露着对无人车的自信。事实上他也有资格自信，因为他和他的团队设计的算法，现在广泛应用于几乎所有的无人驾驶汽车当中。所以说，无人驾驶技术目前不存在科学瓶颈，符合技术飞轮第一条法则的要求。

技术飞轮的第二条法则，是看这项技术有没有充足的市场需求。交通运输部提供的数据显示，截止到 2022 年 11 月底，我国的机动车保有量达到了 4.15 亿辆。有多少机动车，就有多少司机。无人驾驶技术可以解放出大量的司机，这可以节省大量的劳动力成本，市场需求自然是非常大的。所以说自动驾驶完全符合技术飞轮第二条法则的要求。

但是，面对技术飞轮的第三条法则，即是否存在钱解决不了的问题这一条，无人驾驶技术暂时恐怕还无法通过检验。因为实现无人车与传统汽车的新老交替，还缺乏一个关键的契机。在这个契机到来之前，无人驾驶的技术飞轮，暂时还转不起来。

> 展望未来交通发展前景

下面还是以 5 年为一个节点，来预测一下未来的交通发展。

第一个 5 年，未来 5 年内

如果你留意过身边的车辆的话，你可能早就看到过头上顶着激光雷达的无人车在城市里穿梭的景象。从 2017 年开始，国家就陆陆续续批准了不少的无人车测试牌照。就在 2019 年世界智能网联汽车大会上，上海市还为 3 家公司颁发了无人车示范应用牌照，这三家公司中，就有著名的网约车公司滴滴打车。

与以往的测试牌照不同，这次的示范应用牌照允许 50 辆车上路行驶，还可以尝试运载乘客。从 2020 年 6 月 27 日开始，用户可以通过滴滴打车的 App 进行线上报名。申请通过之后，用户就可以用 App 在上海自动驾驶测试路段呼叫自动驾驶车辆进行试乘体验，而且，这项服务对于测试用户来说，还是免费的。当然，无人车上还是坐着一位可以随时接管车辆的驾驶员的。

在未来的 1 到 2 年内，这类的示范应用会越来越多。随着政策的逐渐宽松，网约车公司也会为一些符合条件的签约车主免费安装激光雷达，将他们的车辆改装成无人驾驶汽车。一旦车辆被改装，司机唯一需要做的事情，就是“监督”无人驾驶汽车的工作状况。

对于无人驾驶汽车而言,乘客的接受程度是一个很重要的因素。如果你坐上出租车，发现在司机的位置上没人，甚至连个方向盘都没有，在现在这个阶段，肯定会让人有些心里紧张的。所以，在现阶段，乘客坐上无人车后能够看到司机，还是一个很重要的心理安慰。百度的无人驾驶项目有一个新名词，叫作“智能网联车”，目前在成都已经获批一小块区域做示范运营。就在本书即将付梓之际，“萝卜快跑”（百度的智能网联车品牌）在武汉投入试运营。令我感到惊讶的是,“萝卜快跑”在武汉直接以真无人驾驶（无安全员监督）的方式出现在大众的面前,未来正在以超出预期的速度向我们走来。

能够全面自动驾驶的无人车以网约车作为突破口，进入寻常百姓的生活当中，这就是我刚才提到的，无人车与传统汽车新老交替的重要契机。

第二个 5 年，未来 5—10 年内

在未来的 5 到 10 年之间，公交车有可能会全面配备无人驾驶装置，交通管理部门也会分配给公交车更多的路权。公交车在自动驾驶系统的管理下，会根据其他车辆的位置随时调整行车速度，还会根据客流量自动调整发车密度,这会让公交车的准点率大大提升，甚至有可能与地铁不相上下。七八年后，你在马路上看到一辆有人驾驶的公交车，就会像今天看到一辆无人驾驶的小客车一样惊奇。

出租车行业分成了两大阵营，有人驾驶的和无人驾驶的。有人驾驶的出租车属于高端服务，经营的主体是和租车平台签约的个人车主，而经济型的出租车服务已经被某几个大企业垄断，它们用成本低廉的无人驾驶车完全占领了市场。这时候的法律法规还不允许无人驾驶的私家车提供网约车服务，因此，这段时期也将成为无人驾驶网约车企业发展的黄金期。

未来 10—20 年内

某一天，一个非常重要的无人车管理法规出台了，那就是允许私家车不配备驾驶员，也可以上路行驶。这就意味着个人也可以做类似“萝卜快跑”这样的无人网约车生意。于是，网约车从一份工作，变成了一种投资。车主完全不需要付出辛苦，只要配备了自动驾驶系统，就可以把爱车放出去赚钱了。

无数的网约车车主都会主动购买价格已经不那么昂贵的激光雷达设备，无人车改装业务也会变得大热。几乎是一夜之间，网约车变成了无人车的天下。很快，当我们打车的时候，如果上车之后看

无人驾驶汽车内景设想

到了司机，才是值得奇怪的事情。不过，这时候大量的私家车依然存在，由于不打算参与运营，大量的私家车车主并没有将自己的汽车改装成无人车的操作系统，他们会继续享受驾驶的乐趣。

网约车比起私家车有明显优势的地方，就是它在行驶之前就会把自己的行驶线路报告给调度中心，这样，我们就可以通过算法预测出每条道路上行走的网约车数量。虽然路上行驶的私家车没有统计在内，但也算是有个基本依据了。当规划一条行车线路的时候，就可以躲开可能发生拥堵的路段了。

人们已经完全习惯车接车送的日子，把私家车停到遥远的停车位，再走路回家变成了一件很不舒服的事情。就像现在的城市人，因为共享单车的普及，自己购买代步自行车的人越来越少，15 到

20 年之后，也很少有人再去购买代步用的汽车了。汽车逐步成为一种野外旅行工具，只有追求驾驶体验的人和野外旅行爱好者，才会去购买一辆汽车。

大量的网约车不再需要停靠在路边，它们在把乘客送到目的地后就会立即开走，要么寻找地方充电，要么赶去接下一个乘客。于是，路边的停车位会被逐渐取消，用于通行更多的车辆。停车位的稀少，则会进一步推动私家车的淘汰。

这时候，一个新的契机出现了。数量庞大的网约车总是需要一个空间停放，这就催生了一个巨大的地下停车工程。每一个建筑物的底下，都会被开辟出来，用于网约车的临时停放和充电。而这个地下工程的运营商，很可能会愿意顺便将居民区与周边的地铁站彻底地连通起来，从而利用地铁的流量做些生意。到时候，从小区内搭乘自动人行道或者胶囊式轨道车去换乘地铁就会成为一件很现实的事情了。

在这一阶段，物联网技术也得到了普及性的发展。网约车之间可以互相通信，实现实时协调，这就进一步避免了车辆之间的干扰，减少了地面上的交通拥堵。

30 年之后

30 年之后的某一天，如果我们出行的目的地位于周围 300 千米范围内的某个卫星城市，网约车系统很可能会派一辆飞行汽车前来接驾。飞行汽车的外观与普通汽车差别不大，它会载上我们，行驶到附近的一个起飞点，然后垂直起飞，随后再以每小时 500 千米

可以飞的列车

左右的速度直接飞向目标城市，再就近寻找降落地点。降落之后，飞行汽车会像普通汽车一样，径直驶向我们的目的地。

就这样，自动驾驶的网约车、四通八达的地铁以及卫星城市之间的飞行汽车，把一幅美好的未来城市交通的画面勾勒出来。有序而且繁忙是未来交通的主旋律。我相信，拥堵问题一定会为科技所彻底攻克。

会飞的高铁，一小时往返京沪

> 更快的高速飞行列车

上一节，我们探讨了城市内部以及周边的交通问题，那么未来长距离的交通是否也能变得更加便捷呢？这就是本节要探讨的话题。

2020 年 10 月 8 日，维珍集团旗下的维珍超级高铁公司对外宣称，他们已经在参与竞标的美国的 17 个州中选择了西弗吉尼亚州作为合作伙伴，将在西弗吉尼亚州建立一个大型超级高铁实验中心。这个新的超级高铁实验中心将会建设一条将近十千米长的真空管道，目的是试验最新的超级高铁系统。他们计划在 2030 年以前，让这家实验中心投入运营。

维珍集团的老板理查德·布兰森在祝贺信中说：“今天是维珍超级高铁公司最令人兴奋的日子之一。这里将是一个起点，这里不仅是西弗吉尼亚，也是整个美国和全世界超级高铁的起点。我们距离伟大梦想的实现又近了一步。”

这家维珍超级高铁公司是维珍集团在 2017 年收购的公司。这家公司在拉斯维加斯北部的沙漠中已经建造了一条 500 米长的真空管道。在 2018 年的一次试验中，一节测试车厢在电磁力的驱动下，跑出了 387 千米的时速。

经常乘坐高铁出行的中国人，听到 387 千米的时速，可能会不以为然，因为我们的高铁正常运营的速度就能达到 350 千米了，387 千米的时速听起来真的是一点儿都不快。但是，维珍超级高铁公司这个试验可不寻常，因为这 387 千米的时速是在 500 米长的实验管道中实现的。这么短的距离，要加速，还要安全地停下来，这就让超级高铁的最高速度受到了严重的限制。维珍超级高铁公司的技术人员解释说："根据计算，如果管道能再延长 2 千米，车厢就能被加速到超过 1000 千米 / 小时，而且还能安全地停下来。"

这一次维珍超级高铁公司即将修建的新实验中心，管道总设计长度达到了将近 10 千米。他们这次要挑战的速度，是 4000 千米 / 小时的超高速度。

4000 千米 / 小时这个数字，关注超级高铁技术的听众听起来都很熟悉。2017 年 8 月 30 日，在武汉举办的第三届中国国际商业航天高峰论坛上，中国航天科工集团就公布了一条相当劲爆的消息。这条消息说，中国航天科工要开始投入"高速飞行列车"的商用化研究了。当时宣布的"高速飞行列车"的理论速度也是 4000 千米 / 小时。

2020 年 10 月 21 日，科技部的一次新闻发布会上介绍说："我国的时速 600 千米高速磁悬浮样车已经完成了系统联调。"

有人会说，我们现在的高铁，连 400 千米的时速都没到，速度提高十倍，这怎么可能呢？如果新闻中换个说法，这样报道："未来我国的民航客机，将会在没有空气阻力的真空管道中飞行，从而能将飞行速度提高 3 到 4 倍”，或许这样就更好理解了吧。

其实，超级高铁只是因为外形上更接近轨道交通，速度又快，才获得了超级高铁的名字。如果从原理上讲，超级高铁对标的交通工具，应该是飞机。我们完全可以换个说法，超级高铁，就是一种外形像火车，在真空管道中高速飞行的超声速飞机。

可能与你的直觉不太一样，利用真空管道进行高速运输的概念，并不是什么新提法，这个概念从提出到现在，已经有一个多世纪的时间了。

1909 年，现代火箭技术的奠基人、美国工程师罗伯特·戈达德在一篇科学社论《快速交通的极限》中首次提出了腾空列车的概念。

1922 年，德国工程师、磁悬浮技术的先驱者赫尔曼·坎贝尔提出了磁悬浮列车的概念。他同时还提出，如果能让磁悬浮列车在真空管道中运行，将会实现无与伦比的列车运行效率，这是公认的最早的超级高铁模型。

由于技术与工艺条件的限制，直到 20 世纪 60 年代，磁悬浮技术才开始逐渐有了发展，但是真空管道技术却依然没有实质性进展。直到 2013 年，埃隆·马斯克重新提起了一个名叫 Hyperloop 的概念，超级高铁才重新进入了我们的视野。马斯克从特斯拉和 SpaceX 中抽调了一组工程师，花费了大约 8 个月的时间，建立了 Hyperloop 超级高铁的概念模型。在概念模型的基础上，他们还把包括成本分析在内的全套系统设计，公开发表在他们的官方博客上，希望更多有识之士能够加入到超级高铁的开发中来。

如果你熟悉埃隆·马斯克的话，一定知道马斯克最喜欢的就是把第一性原理挂在嘴边。他认为人类所有的交通工具，包括汽车、火车和飞机在内，都已经达到了当前的速度极限。这个极限存在的原因，就是空气阻力。所以，只有让交通工具在真空管道中运行，才是未来长距离交通的唯一方向。

马斯克说得没错。交通工具受到的空气阻力，与它们速度的平方成正比。交通工具的速度，是线性增长的，但是，为了提高速度而花费的能源却是指数级增长的。超声速飞机之所以会退出历史舞台，就是因为乘客并不愿意用指数增长的票价为节约下来的少量时间买单。

如果某种交通工具，能在空气中跑到 4000 千米的时速，换算一下就是大约 1100 米 / 秒，这就相当于一个静止的物体，迎面吹来了 1100 米 / 秒的强风。12 级强台风的风速大约是每秒 30 米，超级高铁所面临的空气冲击，相当于 12 级强台风的 30 多倍。空气在交通工具的头部被压缩成一堵空气墙，速度越快，空气墙就越致密。高速交通工具耗费的所有能量，都是为了破开这堵空气墙。

现在，除了我前面提到的维珍超级高铁公司，还有中国的航天科工集团、美国的 HTT 公司，加拿大的 TransPod 公司、印度的 DGW 公司、荷兰的 Hardt 公司等很多家公司，都在致力于超级高铁的技术研发。虽然这些公司使用的技术和方案不尽相同，但是他们要解决的问题却是一致的。总结起来就是一句话：如何让超级高铁计划，在经济上完全可行。

未来的城市交通

>超级高铁面临的技术难题

如果把各种交通工具的能源消耗平均分配到每个人身上，那么在绿皮火车、高铁、公共汽车、民航客机和小轿车之中，绿皮火车的每千米能耗是最低的，大约是 400 焦耳。如果把绿皮火车消耗的能量看作是 1 个单位，那么高铁的能耗是 1.42，公共汽车的能耗和高铁差不多，是 1.45 个单位，民航客机的能耗要高得多，达到了绿皮火车的 7.44 倍，而小轿车的能耗比飞机还要高，达到了绿皮火车的 8.2 倍。

这里很值得你记住的一组数据是，高铁的能耗是绿皮火车的 1.42 倍。这 42% 的能源消耗差异，正是高铁高速行驶的过程中，需要推开更多压缩空气的原因。

超级高铁以磁悬浮的方式在真空管道运行，从理论上来说，它既没有空气阻力，也没有轮子与铁轨产生的摩擦力，只要加速到合适的速度，超级高铁就能一直不停地在管道中靠惯性滑行，完全不需要消耗能源，但是，这只是理想的状态而已。而实际上，我们只能尽量降低真空管道中的气压,并不能创造出绝对的真空。据测算，在几千米长的管道内部，保持十分之一的大气压，就已经很不容易了。所以，在管道中运行的超级高铁，其实还是存在空气阻力的，因此，每隔几千米，我们就需要给超级高铁设置一组用于加速的电磁加速器装置，把超级高铁因为空气阻力损失的速度补回来，这当然是需要耗电的。

另外，为了确保管道里能够维持接近真空的状态，我们需要每隔一段就安装一组真空泵，一刻不停地把管道内本来已经非常稀薄的空气抽出来。这些持续工作的真空泵，当然也是需要供电的。

还有，虽然 10% 的大气压已经很小了，但由于超级高铁的速度太快，这就导致车头前方依然会形成阻力极大的高密度空气墙。为了把空气墙破坏掉，工程师们想出了一个绝妙的办法。他们把一种类似于飞机引擎的涡轮风扇安装在了车头的位置，这样的做法并不是为了给超级高铁提供动力，而是通过吸气这个动作，打碎前方的空气墙，降低整个超级高铁的空气阻力。这台涡轮风扇，当然也是需要消耗能源的。

根据埃隆·马斯克的设计方案，在整个超级高铁的管道顶部铺满太阳能电池板，就能解决整个超级高铁系统的供电问题。然而，他的这一假设似乎并没有经过测算。真空管道的气密性、真空水平都有可能会影响整个系统的最终能耗水平。

超级高铁在能耗上到底能不能依靠太阳能自给自足，现在还没有定论。但我们可以确定的是，即便超级高铁的能源消耗并不能自给自足，但与对标的飞机比起来，已经是超级节能的了。所以，真正阻碍超级高铁发展的，并不是它的能耗，而是它高昂的造价。

现在，一个大型国际机场的造价，在500亿到1000亿元人民币之间，而且，建设机场的费用与飞机航线的长度无关。更有利的是，机场数量和航线数量不是简单的加一关系，而是一种类似于阶乘的关系。比如，我们已经拥有了十座机场，那么当第十一座机场落成的时候，就相当于立即新增了十条新航线。机场的数量越多，每新建一个机场获得的航线增量就会越大，潜在的经济效益当然就越大。毕竟，只有机场需要建设，而空中的航线则是免费的。

但是，如果我们想要用超级高铁来连通两个城市，就需要为每一条线路新修一条真空管道。即便我们有办法降低真空管道的建设成本，让超级高铁的线路比修机场还便宜，但我们却无法实现飞机航线那种数量级增加的规模效应。

除了这个根本问题以外，超级高铁想要正式商用，还会遇到一系列的技术问题。每个问题背后，都需要大量的技术创新和突破。我在这里随便给你说几样，你来体会体会超级高铁的制造难度吧。

普通的高铁，到站之后，都会通过调度系统进行变轨，一个大车站，就像是一个专门停放高铁列车的停车场，如果管理得当，可以停放很多辆列车。但是磁悬浮结构的超级高铁，会紧紧抱住下面的轨道，这种特殊的轨道结构，用现有的办法进行变轨。如果修建一条线路，上面只能跑一列超级高铁，那是相当不划算的。

超级高铁的速度快就意味着它的转弯半径非常大。即使真空管道发生了非常轻微的变形，都有可能造成灾难性的后果。那么，在建造超级高铁的时候，我们就必须考虑到，如果由于地面沉降或者类似问题导致管道发生了形变，该如何修复管道。超级高铁对标的交通工具是飞机，虽然超级高铁是在地面上跑，但是由于真空管道是完全封闭的，超级高铁列车一旦出现故障，就会与飞机故障一样难以应付。

就拿最简单的停电事故来说吧，停电对于普通高铁来说，造成的后果就是减速直到停车。而超级高铁是利用电磁力制动的，当超级高铁全速运行时，停电会直接造成超级高铁无法制动，最终会造成灾难性的后果。

超级高铁一旦出现安全问题，危险程度可能并不亚于飞机。只有提前消除所有安全隐患，超级高铁才算是有了真正的商用价值。而与它对标的民航，早就是世界上最安全的交通工具了，民航经过多年的摸索和发展，已经完美地解决了所有类似的问题。

那么，超级高铁真的就没有逆袭的机会了吗？当然也不是。

天津到北京的城际高铁从 2008 年开通到现在，已经对民航造成了强烈的冲击。有调查显示，在小于 500 千米的行程中，高铁出行以绝对的优势碾压了民航；500 到 1000 千米的行程中，高铁与民航势均力敌，这个区间的打折机票价格，常常会比高铁更低；1000 千米以上的行程，现在依然是民航的优势比较大。

所以你看，虽然超级高铁的建造费用比较高，但线路一旦开通，就能以自己的运营成本优势直接碾压对标的民航线路，获得市场优势。能够为出行提供便利，还能实现盈利，是超级高铁发展的经济基础。

从技术层面看，可以把超级高铁看作是运行在真空管道里的磁悬浮列车，所以超级高铁面临的很多问题，磁悬浮列车同样存在。

>磁悬浮技术和超导材料

磁悬浮技术最大的问题是，再多的实验室研究都取代不了从工程项目中取得的实践经验。不过好消息是，经过十几年的技术储备，我国已经在建设中低速磁悬浮线路上找到了市场突破口。

中低速磁悬浮线路对标的交通工具不是飞机，而是城市里的地铁和轻轨。我国还有很多准备建设地铁的城市，如果中低速磁悬浮铁路在造价上低于地铁，维护成本和能源消耗上也能够低于地铁和轻轨，那就有可能抢占这个巨大的市场。

咱们以正在运营的长沙磁悬浮地铁为例，它在运行时的能耗就比同等状况下的城市轻轨低10%左右。运营成本比轻轨和地铁更低，是中低速磁悬浮列车的最重要的指标。我国的磁悬浮技术，正在这类大量建设的地铁和轻轨项目中快速地积累经验。

就目前的情况来看，磁悬浮技术在全世界范围内属于一种前景不错，但出于经济因素考量，被边缘化了的技术。而以磁悬浮技术作为重要基础的超级高铁，自然也变得步履维艰。那么，是否存在一个技术奇点，能实现超级高铁技术的快速发展呢?

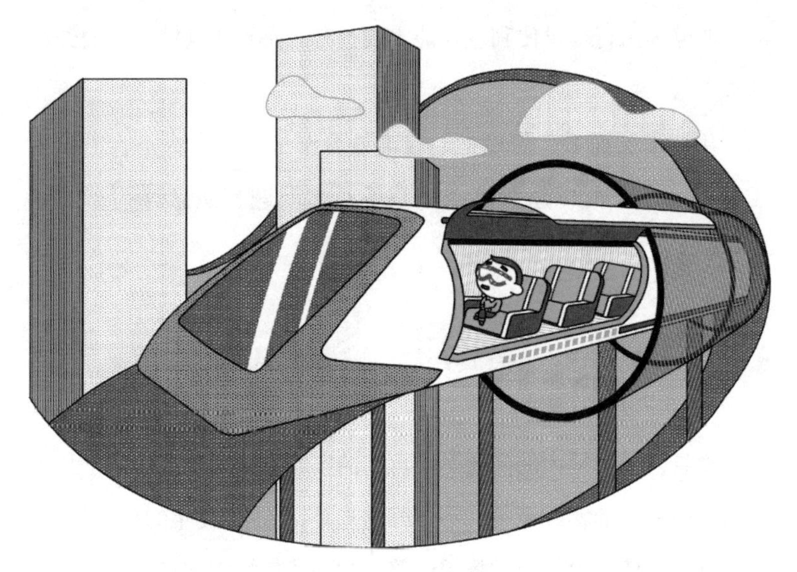

未来的磁悬浮交通

超级高铁对标的交通工具是民航客机，并且要对标 1000 千米以上的热门航班线路才能在经济上有收益。这样，除了不断在短线磁悬浮项目上积累经验，降低建造成本之外，还要进一步降低使用能耗，让超级高铁在长期看来有经济优势。

现在看来，最有希望成为技术奇点的技术就是常温超导材料的发现。

超导，是指温度降低到某个点时，某些物质突然呈现出的电阻消失的现象。处于超导状态的物质，无论外部磁场如何发生变化，物质内部的磁感应强度都为零，我们把这个特性叫作超导体的抗磁性。超导线圈由于没有电阻，所以可以承载几乎无限大的电流，再利用超导体的抗磁性产生的斥力，就可以把磁悬浮列车托离地面。

因为本节的目的并不是介绍超导材料的发展，所以这里讲得比较简略，即便你没有理解超导材料的原理也没有关系，你只需要知道，超导材料可以使磁悬浮变得很简单，这样一来，建造磁悬浮列车的难度就转嫁到了制造超导材料了。

使用超导线圈与普通线圈的最大差别是，超导线圈是没有电力损耗的，这就实现了能源的极大节约。另外，极少的耗电量让我们可以设计出完全不同的磁悬浮轨道方案。我们可以用多个地面线圈来引导磁悬浮列车实现自由并轨操作，从而实现与高铁方案相当的车辆调度和管理能力。

目前我们能制造的超导材料，都必须维持非常低的温度才行，而维持这种低温本身就需要非常高昂的成本。所以，超导材料的制造难度在于如何提高超导材料的温度。

2020 年 10 月 14 日，著名的《自然》杂志的官网上发布了一条引起全世界轰动的新闻：美国罗彻斯特大学的科学家发现了可以在 15℃条件下工作的常温超导材料。刚看到这条新闻的时候，我是非常激动的，如果这条新闻是真的，那可就是科学史上的大事件了。不过，随后我就了解到，这种超导材料虽然在常温下实现了超导，但却不是常压，必须保证在 250 万个大气压下，这种材料才能维持超导体的特性。维持超高气压和维持超低温，很难说哪个成本更低。不过，这条新闻还是让科学界的很多人感到兴奋，至少它提供了寻找常温超导材料的一种新的可能。然而没想到的是，2022 年 9 月，这篇重磅论文被《自然》撤稿了，很多科学家空欢喜一场。

> 畅想未来的超级高铁

现在，我们拿“技术飞轮 2.0”这个工具直接设想一下，假如超导材料的技术奇点被突破了，我们会迎来一个怎样的新交通时代？毫无疑问，超级高铁的造价将大幅度地降低。

与高铁八横八纵的格局不同，超级高铁的建造并不是网状的，它们更接近于飞机，必须采用点对点的方式，一条一条地建设。一旦两个城市之间修建了超级高铁，就好像在两个城市之间建造了一个任意门。原本几千千米的距离，立即进入便利的 1 小时生活圈。

我猜想，将来我们修建超级高铁的真空管道时，一定不会只修建一根管道。我们会一次架桥，就直接铺设双向 16 根真空管道，供超级高铁使用。这样的管道组，就像是时速 4000 千米永不堵车的高速公路。原有高速公路的超低运输效率，直接就会产生上百倍的效率提升。我可以大胆地估计，当超级高铁的时速超过 800 千米时，民航的热点航线就会自然消亡。第一个消亡的当然是京沪航线。我们可以用类似于乘坐地铁的方式来乘坐超级高铁，再也不用受天气的限制，在候机大厅里焦急地等待了。乘上超级高铁，抓着扶手站 30 分钟到 1 小时，就从上海到北京了。

当超级高铁的时速超过 1600 千米时，距离小于 1000 千米的城市，就互相进入了对方的 1 小时生活圈。生活在一个城市，而工作在另外一个城市，将会是一种常见的生活模式。

当超级高铁的时速达到 2400 千米时，距离 1500 千米以内的城市，将会互相进入对方的一小时生活圈。环渤海经济带与长三角经济带互相连通，成为一个牢固的新经济体。

当超级高铁的时速达到 3200 千米时，距离 2200 千米以内的城市，将会互相进入对方的 1 小时生活圈。南京到成都，上海到昆明的时间都将被压缩到 1 小时之内。一个大型国际展览会可以同时在两个相距 2500 千米的城市举办，你上午看完了主会场的开幕式，下午还可以到分会场去听演讲。

当超级高铁的时速达到 4000 千米时，全国所有的省会城市，都可以与北京的 1 小时生活圈相互连通，人们的生活方式将被彻底地改变。超级高铁修到哪里，城市之间的连接就延伸到哪里，这是一股能够带来城市系统化合并的巨大力量。

到了那一天，你如果跟人说我这次坐飞机出差，就等于告诉别人，你要么是出国，要么就是去国内的某个偏远小城市。

如果说互联网、人工智能和虚拟现实是让这个世界数字化、虚拟化的力量，那么超级高铁就是一股让世界物理化和实体化的力量。不过，比起虚拟世界的爆发式增长来说，超级高铁的发展依赖于工程项目的实施，肯定是一个相对漫长的过程。饭要一口一口吃，超级高铁肯定也要一条一条修。

我相信在我们的有生之年，都可以坐上时速 4000 千米的超级高铁。

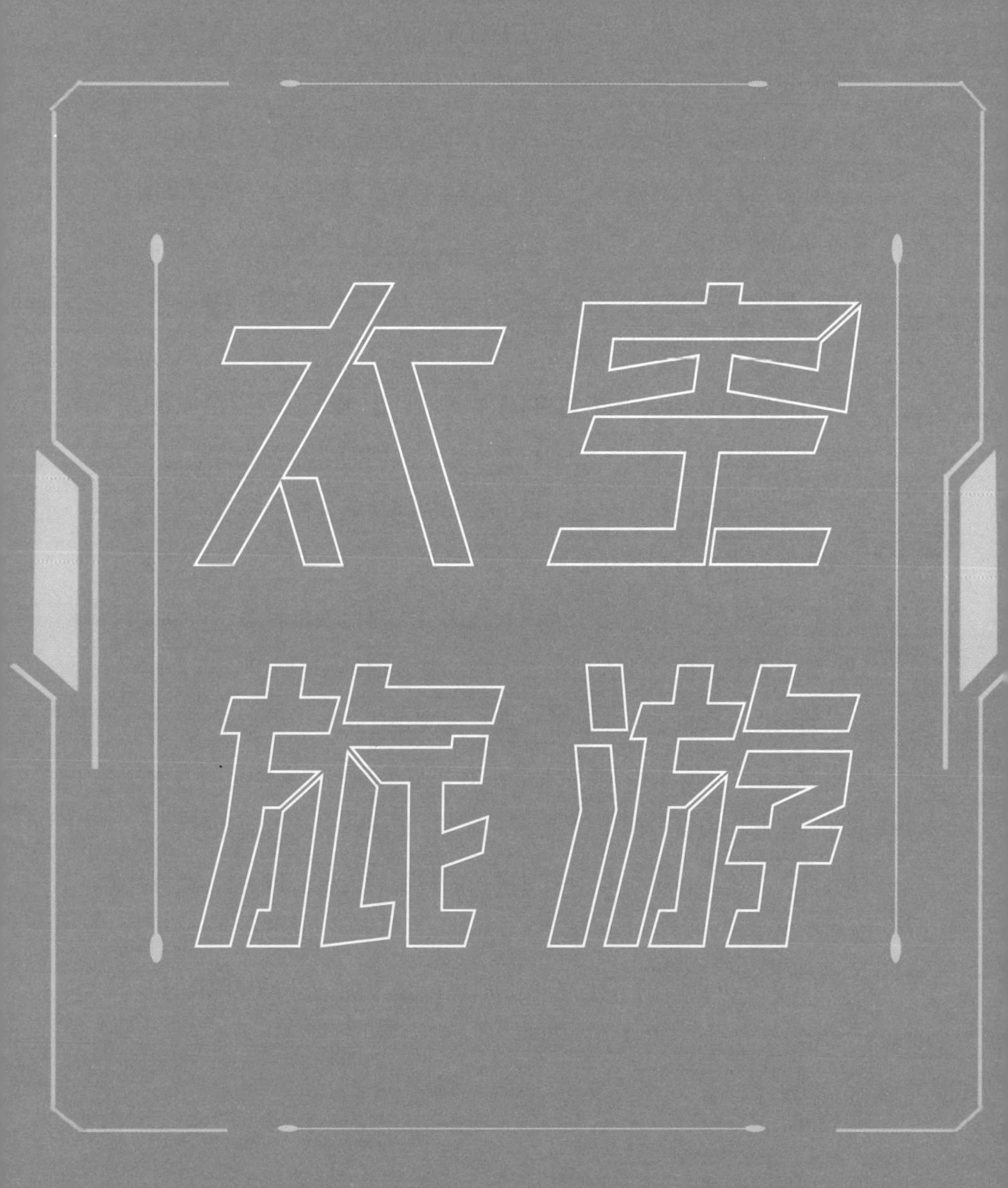
太空旅游

太空旅游离我们还有多远？

2019年10月28日，以载人亚轨道太空旅游为主营业务的维珍银河公司在纽约证券交易所上市。与任何上市公司都不同，维珍银河公司是世界上第一家公开上市的航天企业。虽然维珍银河公司还没有正式公布首次太空航班的具体时间，但已经有600名乘客预订了他们的机票，排队等待着他们的太空之旅。

我是一名重度的航天爱好者，也会特别关注这类新闻。我当然也很期待，在我的有生之年能有机会飞向太空。哪怕在太空俯瞰我们的蓝色家园，也会十分过瘾的。

很多人都觉得，太空旅游这种事儿，对普通人来说太过遥远。宇宙飞船与私人飞机和豪华游艇一样，是富豪们用来炫富的高级玩具而已。这么想，那就把问题看得太简单了。我想在这里探讨一下太空旅游是否就是那把开启太空时代的金钥匙。

人类进入太空并不是什么新鲜事了，截至2022年，已经有来自41个国家的587人进入过太空。这其中，进入太空时年龄最大的是90岁。

如果不考虑资金问题，想要在地球环绕轨道上建设一座大型太

空城，或者在月球上建一座月球基地，凭借我们现有的技术也是完全可以做到的。但是，显然不可能不考虑资金问题，人类的一切行为都离不开经济。

2008 年时，通过阿丽亚娜火箭把 1 公斤的物品送上太空，大约要花费 2 万美元。2018 年的时候，我国的长征三号乙火箭把每公斤的价格降低到了 4400 美元左右。运输成本就是航天产业的瓶颈，谁能突破这个瓶颈，谁就能在未来的太空开发中抢占先机。

我国国庆 70 周年大阅兵的时候，东风火箭的口号“东风快递，使命必达”，一下子火了。其实这句口号非常贴切，从本质上来看，火箭公司和每天给你派送包裹的物流公司真的没有什么不同。它们之间唯一的差别，就是前者负责把东西运到天上，而后者负责把东西交到你手里。

网购是推动物流业发展和降价的重要动力。如果在航天产业中也能出现一股与网购类似的力量，让我们有几乎无限的东西需要运到太空去，那么，发射火箭的成本必然会大幅下降。

之所以总有人认为太空旅游是伪需求，那只是因为我们的想象力被贫穷限制住了而已。想想看，如果去太空飞一圈儿与坐飞机的花费差不多的话，只凭着“太空婚礼”这四个字，就足以支撑起一个几千亿的大市场。

制造火箭与回收火箭

那么，进入太空为什么这么贵呢？贵就贵在火箭上。

传统的火箭都是一次性使用的，我们称之为消费型火箭。消费两个字听起来又浪漫又轻松，但实际代价却相当沉重。SpaceX 公司的创始人埃隆·马斯克曾经开玩笑说：“使用消费型火箭，就好像把一架波音 747 飞机在着陆之后立即销毁，如果这么干，就再也没有人能坐得起飞机了。”

为了降低成本，NASA 在 20 世纪 50 年代就提出了航天飞机的概念，航天飞机的设计目标就是要能够重复使用，把发射成本降下来。然而，事与愿违，航天飞机不但没有把成本降下来，反而大大增加了成本。最终的结果是，航天飞机每一次发射，平均花费是 5 亿美元，这比传统的火箭发射还要昂贵。导致航天飞机成本过高的原因很多，其中有三点最为突出：

第一个原因是航天飞机最终的重量比设计重量多出了 20%。

第二个原因是航天飞机的结构过于复杂。每次飞行后检修和更换零件的工作，都是一个既费时间又费资金的过程。航天飞机使用的次数越多，检修和更换零件的成本就越高。

第三个原因是航天飞机系统分为轨道器、固体助推器和外贮箱三个部分。我们熟悉的航天飞机，其实只是航天飞机系统的轨道器部分，也是唯一可回收的。固体助推器航天飞机系统对其他部分的回收不够重视，这是航天飞机设计之初方案中就自带的缺陷。

综合上面三个原因不难发现，原来可以直接发射的卫星和飞船，现在必须先装进航天飞机，再把航天飞机送上天。这就不得不使用比以前大得多的推力才能完成任务。除了轨道器以外，其他部分不仅非常昂贵，而且是不能重复利用的。根据 NASA 公开的数据，航天飞机每运输一公斤货物，平均要花费 54500 美元，比猎鹰重型火箭贵了 39 倍。

但是，航天飞机降低成本的设计理念本身并没有错。随着航天市场的竞争日渐激烈，越来越多的商业公司瞄准了可回收技术，想通过火箭和飞船的重复利用获得市场优势。

2015 年 11 月 23 日，位于西雅图郊区的蓝色起源公司总部里，一群工程师正坐在一块巨型屏幕前等待着什么。几分钟后，大屏幕上呈现出一枚火箭自由落体般地向着地面坠落的画面。正在下落的是新谢泼德 2 号火箭，它从 100 千米外的亚轨道空间像一枚导弹一样加速坠落，而蓝色起源公司要做的，正是要实现这枚火箭的回收。

新谢泼德 2 号成了人类首个被成功回收的火箭。

然而，这一纪录只保持了 28 天就被打破了。2015 年 12 月 21 日，SpaceX 公司的猎鹰 9 号也顺利返回地面，完成了一次成功的软着陆。与蓝色起源公司的新谢泼德 2 号火箭不同，猎鹰 9 号的这次发射可不是一次演习，它的身上还携带着 11 颗卫星，是一次实战。

这两家火箭公司的老板在事后都说了同样的一句话："这是我生命中最美妙的时刻。"

现在，最新版本的猎鹰 9 号火箭已经能够支撑十次以上的重复发射。第三代的新谢泼德火箭也实现了九次连续发射。不过，回收后的火箭并不是加满燃料就可以再次发射。火箭发动机在高温环境里持续工作，不可避免地会出现零件老化的问题，如果不仔细检修，并替换必须替换的零件，很可能会为下一次发射埋下重大隐患。

SpaceX 星舰

SpaceX 的创始人埃隆·马斯克说过，火箭推进剂的价格只有发射成本的 1%，如果发射火箭就像为飞机加油那么简单，那么发射成本还有大幅度降低的空间。而 SpaceX 的执行官肖特韦尔则向记者透露说，火箭回收的策略已经让发射成本降低到原来的一半。如果只是简单的检修，那应该可以把发射成本降低更多才对，现在的情况意味着火箭虽然可以飞回来，但很多零件都无法真正做到重复利用。看起来，火箭回收技术与航天飞机曾经遇到的情况非常相似。

那么，火箭回收技术是否能得到快速发展呢？是时候拿技术飞轮工具，对火箭回收技术进行一番检验了。

先说科学原理，可回收火箭的技术目标就是不断地改善火箭的制造工艺，让火箭发动机效率更高，也让火箭整体变得更耐用，最终实现马斯克所说的，只需要给火箭加入燃料就可以再次起飞的目标。这个项目标在科学原理上没有瓶颈。

再来看看技术飞轮的第二条法则，火箭回收技术有没有旺盛的市场需求呢？

支撑火箭发射市场的最大需求就是发射卫星，虽然我们对卫星的需求依然很大，但现在卫星的体型可以越做越小，一枚火箭发射几十颗小卫星上去已经很常见，这就意味着需要的火箭发射次数反而会减少，如果仅仅依靠卫星发射这个需求，难以推动火箭回收技术的飞轮。

想要推动飞轮，必须寻找到新的需求，而这个需求很可能就是维珍银河公司一直在为之努力的太空旅游业。与蓝色起源和 SpaceX 主攻的火箭回收技术不同，维珍银河走的则是完全不同的另一条技术路线。

维珍银河的太空旅游完全没有用到火箭，他们的策略是用一架名叫白骑士的双体飞机载着太空船 2 号宇宙飞船从机场起飞。这个起飞过程，与我们平常乘坐飞机完全没有差别。等到白骑士爬升到 15 千米左右的高度后，太空船 2 号就会与白骑士分离。几秒钟后，太空船 2 号自带的火箭发动机会自动点火，推动着飞船飞往太空。

在空中发射太空船的概念其实一点都不新鲜。你在电影中肯定看见过战斗机发射导弹的镜头，没错，白骑士就像扔导弹一样把太空船 2 号放下去，随后太空船 2 号就会点火飞走。

乘坐太空船 2 号时，乘客的体验更像是在乘坐熟悉的飞机。太空船 2 号配备了更大的舷窗、更宽敞的机舱环境以及更舒适的乘客座椅，他们所做的一切，都是为了提升乘客的旅行体验。在提升乘客体验方面，太空船 2 号的空中发射方案，显然比所有依赖火箭进入太空的方案都更有优势。

为了确保太空船 2 号能够不受损伤地返回地面，维珍银河还在太空船 2 号上做了两项重大创新。

第一项创新是太空船 2 号搭载的火箭发动机是一种由固体燃料和液态氧化剂组合而成的混合型火箭发动机。这种火箭发动机的最大特点就是结构简单、容易维护，而且可以随时控制喷口的动力输出。更重要的是，固体推进剂可以保护火箭喷口不会因为高温而损坏，这就让太空船 2 号真的可以做到只要装填燃料就能重新起飞。

太空船 2 号的第二项创新是一对可以改变形状的翅膀。这个巧妙的设计可以让太空船 2 号重新进入大气层的时候避免与大气过度摩擦而产生高温。太空船 2 号的设计师将这个设计叫作羽毛模式，他们说，他们是从飞行的羽毛球上获得这个设计灵感的。

维珍银河现在面临的挑战是让他们的太空船 2 号能够飞得更高、更远。目前，太空船 2 号的最高速度是每秒 1.2 千米，这与每秒 7.8 千米的第一宇宙速度还差很远。换句话说，太空船 2 号无法成为环绕地球的人造卫星，它就像是一架能飞得很高的飞机，飞到亚轨道空间后再立即返回地球。

虽然每秒 1.2 千米与每秒 7.8 千米的差距看起来很遥远，但这中间其实并不存在不可逾越的障碍，因为只需要多携带一些燃料，

就能让太空船 2 号持续加速，这些进步都可以通过反复迭代而逐步实现。所以，从科学原理上来讲，这项技术并不存在瓶颈。

但是，维珍银河真正值得我们关注的是，它很可能会创造出巨大的市场需求，太空旅游的市场前景不可估量。要证明这一点很容易，你只要问问自己，你想不想到太空中去看看美丽的蓝色地球。我相信人人都会想，只是太贵了，去不起。一个人人都想要的东西就是巨大的市场需求，价格每下降一分就会释放出一分的市场需求，而且这种需求的增长空间和成本的下降空间几乎是等同的。

维珍银河公司的创始人理查德·布兰森曾经说过，维珍银河计划在 2021 年为至少 700 名乘客提供太空旅游服务。当然，维珍银河没有兑现这个承诺，到底是它自己的技术原因，还是受到了 2020 年新冠疫情的影响，我们不得而知。但只要它最终能够安全地把游客一批接一批地送上亚轨道空间，无论推迟多久，这个市场最终还是会被激活，产生的价值也会不可估量。

维珍银河的另外一个目标是为乘客提供高速交通服务。太空船 2 号在返回大气层时可以达到每秒钟 8 千米的超高速度，这让它有希望在两小时内把乘客送到地球上的任何一个角落。不过，在我看来，这个需求是不是一个伪需求还有待检验。

所以，虽然当前市场对于太空船 2 号的需求并不算大，但这个市场显然是一直都在持续增长中的。只要价格下降一分，市场的需求就会多一分，当价格的下降可以释放大量的市场需求时，我们就可以说，维珍银河公司的太空旅游技术可以通过技术飞轮的第二条法则的检测了。

目前看来，太空旅游项目也并没有什么靠钱解决不了的问题，所以，太空旅游的技术飞轮即将开始转动，一旦它转动起来，就会越转越快，再也停不下来。

> 太空旅馆

太空旅游除了坐上太空船 2 号在亚轨道上兜一圈外，还有一个延伸项目，这就是太空旅馆。太空旅馆其实就是一个能够给游客们提供居住功能的民用空间站。虽然太空旅馆的初期造价可能十分昂贵，但一旦投入运营，维护的成本很可能要比太空船更便宜。

太空旅馆所需要的技术已经在稳步发展。美国有一家叫毕格罗航天公司的私人公司，他的创始人毕格罗也是美国一家成功的连锁酒店企业的创始人，毕格罗的愿景就是把酒店开到太空中。这家公司设计制造的一种充气式太空舱目前正在国际空间站中测试，到目前为止表现良好。如果通过测试，这种可充气式的太空舱就会正式成为国际空间站的一部分，成为航天员的行宫。

美国有一个名叫 Gateway 的组织就打算通过售卖彩票的方式来筹建一个太空旅馆。Gateway 就是大门的意思，从这家组织的名字就可以看得出来，他们想要在太空中给我们的地球村建立一座通向宇宙的大门。

太空旅馆的外形被设计成一座直径 190 米的巨型摩天轮。在这座摩天轮上，安装着 24 个标准化的胶囊式太空舱。摩天轮上的大部分零件都是高度模块化的，以便能在太空中高效组装。缓缓转动的

太空旅馆

摩天轮可以给太空舱提供大约 1/6G 的人造重力。这让居住在这里的游客既可以方便地行动，又能充分享受太空中低重力带来的惬意。

按照 Gateway 官网上提供的时间表，他们将会在 2027 年造好这座太空旅馆。对此，空间科学家格伦·莱齐评价说："我相信他们能做到，但这个时间表显然有些不切实际。"

太空旅馆的本质，就是一个高度模块化的太空站。由于它是民用产品，在建造上必然比国际空间站更加简单。所以，建造太空旅馆，并不存在科学瓶颈。

但是，太空旅馆在太空旅游发展起来之前，即便提前造好，也没有足够客源。从这一点上看，太空旅馆的发展，严重依赖维珍银河这样的太空旅游公司。所以，太空旅馆的技术飞轮还没有办法推动，需要等待太空旅游业务进入环绕轨道后才会迎来发展的契机。

> 展望未来太空旅游业

2023 年 6 月 29 日，维珍银河公司完成了商业航天首飞。这是一次科学研究任务的飞行，两名意大利空军军官和一名来自意大利国家研究委员会的航空航天工程师在维珍银河工作人员的伴随下，进行了一次亚轨道飞行，在新墨西哥州沙漠上空飞行了大约 80 千米。如果接下来他们的太空之旅能够成行，那么必然会带动更多知名人物加入太空旅游的热潮中来。

未来 5—10 年内

维珍银河并非没有对手。其他航空航天巨头必然不会眼看着维珍银河垄断太空旅游市场。他们必定会奋起直追，顺势推出自己的太空线路。

无论是宇宙飞船还是运载宇宙飞船的运载机都会向着大体型方向发展。只有体型更大，才能装载更多燃料，才能飞得更快更高。

在不久的将来的某一次巴黎航展上，波音公司的双体式客机闪亮登场，不用说，这是波音公司太空飞船的运载机。很快，一些机

场声称可以为这类大型运载机的起降提供便利，太空交通航线的概念呼之欲出。

未来 10—15 年之内

已经有北京、洛杉矶、巴黎、伦敦、东京等多家超级机场支持机载式太空船的起降。买张机票去太空,已经从科幻小说走进现实。此时的太空一日游票价已经下降到 10 万美元左右，而且，在激烈的太空旅游价格战中，这个价格显然还会持续走低，变得越来越平易近人。

未来 15—20 年之内

维珍银河将最新的太空船 4 号送入了地球环绕轨道，太空船在环绕地球飞行一个星期后安全返回地面。这次试验飞行搭载了 2 名航天员和 1 名乘客，维珍银河通过互联网向全球直播了这次试验飞行的全过程。

随后的几年里，其他竞争企业也先后完成了轨道飞行，还有 1 家商业公司的航天员完成了时间长达 7 分钟的太空行走，并释放了一颗具有象征意义的人造卫星。

这家公司的新闻发言人向记者透露，他们会很快开放游客的太空行走业务，而这个项目的票价将会低于 5 万美元。

30 年后的某一天

一家中国火箭公司将 10 个一模一样的金属舱体发射上天，并用很有创意的方式把这些金属舱体对接在一起，这家公司称这种金属舱体为太空集装箱。

这些高度模块化的太空集装箱可以非常灵活地相互对接，形成复杂的太空建筑群。发射火箭的太空物流公司的运力终于被彻底激发出来。无数的太空集装箱被发射上天，太空运输价格战也从此打响，火箭发射价格一降再降的同时，化学火箭的潜能也被彻底激发出来。这个时代催生了一种新的行业，名叫太空房地产。

很快，仅供太空船短暂停泊的小型太空站被逐渐淘汰，取而代之的则是规模越来越大的环形太空旅馆。这些巨大的太空建筑物，即便是在白天，也可以用肉眼在地面上观察到。对于地面上的人们来说，那些太空建筑就是真正的天空之城。

对于那个时代的人来说，没有进入过太空，没有俯瞰过大地，应该会是人生最大的遗憾吧。

太空旅馆中的环境安静而且舒适，人们在太空旅馆中居住的时间也变得越来越长。终于有一天，人类的第一位太空公民在太空旅馆中降生了，从此以后，在形容某个年龄段的人群时，我们又多了一个新词：太空一代。

随着太空旅馆的诞生,人们在太空中生活的时间也会越来越长，各种生活、娱乐配套措施也会逐渐丰富起来。说不定世界各大银行都会抢先设立太空分部。

写到这里，我不得不承认，由于我的个人偏好问题，我其实有意乐观估计了太空旅游的发展速度。如果保持足够的冷静，目前比较真实的现状是，现在从事太空旅游的公司都存在着这样或者那样的困难。如果套用“技术飞轮 2.0”这个工具，它们很可能都有技术瓶颈亟待突破，然后才能在太空旅游领域大展拳脚。

但是，我仍然挣扎着把预测的时间缩短到了 30 年之内。理由很简单，因为我也有进入太空的梦想，我不想把普通人进行太空旅游的时代放到自己已经老得走不动的时候。我多么希望人类进入太空的时代能够早一天到来。

离开地球去度假，这个愿望何时能实现？

为了实现自己的太空梦想，我作出了一个非常乐观的预测：预计 10 年后，各国的中产阶级就能买得起一张太空旅游船票，在近地轨道看一眼蔚蓝色的地球，然后返回地面；30 年后，人们就能预订一间太空旅馆，在太空中住一晚，过一天航天员的生活。

这个预测无比乐观，但是在我看来，这样的太空旅游实际上并没有真正离开地球，我们依然是在地球的引力范围内活动。

在这一节，我们不妨把话题继续往前推进，一起用“技术飞轮 2.0”这个工具来推演一下，看看有没有什么关键性的技术奇点存在。如果一旦突破技术奇点，我们的航天事业就有可能迎来爆发式的发展。也许，在可预见的未来，人类完全有可能离开地球，去月球或者火星度个假，或者更远一点，我们可以以月球或者太空站为基地，去更遥远的木星、土星，甚至冥王星玩一圈儿。

航天事业最难的就是逃脱地球的引力，我们可以把地球想象成一口引力井，而我们人类就是井底之蛙，只要能跳出这口井，那外面就是一马平川，广阔宇宙任翱翔。为什么这么说呢？因为在太空中航行，其实是非常节省能量的，真空中几乎没有阻力，太空船只有在加速、减速、变轨的时候需要消耗燃料，这与克服地球引力所需要消耗的燃料比起来，简直就是小巫见大巫了。

人类现在唯一掌握的跳出引力井的技术只有火箭技术，可火箭最大的问题就是发射成本实在太高了。其中最大的一个原因就是，在过去，火箭都是一次性消耗品，造一枚火箭要花费几千万到上亿美元。我们在上一节里就打过这个比方：火箭发射就好像有一个富豪买一架波音 737 客机，飞一次就扔了，下次再飞就再买一架。像这样的富豪，全世界能有几个呢？

因此，为了把火箭发射的成本降下来，不管是埃隆·马斯克的太空探索技术公司还是维珍银河公司、蓝色起源公司，他们正在做的都是设法让火箭能够回收和重复利用。

2020 年初，SpaceX 的车辆整合主管克里斯托弗·库鲁里斯（Christopher Couluris）在一次简报会上表示，可回收的猎鹰 9 号的单次发射成本最终可以降低到 2800 万美元，这是什么概念呢？可回收的猎鹰 9 号的最大载荷大约是 30 吨，也就是每公斤 930 美元。

如果 SpaceX 能实现这个目标，就意味着他们的运输成本又降低了三分之一左右。但即便如此，930 美元一公斤的价格，仍然是普通航空运输的 200 倍。你如果没反应过来 200 倍的差距有多大，那就想象一下花 3000 块钱发一份一公斤以内的同城快递的体验吧。

在上一节里力推太空旅游的维珍银河公司也在努力降低自己的运输成本。美国证券交易委员会（SEC）的文件显示，维珍银河打算在 2023 年前，每隔 32 小时就将一批游客送上太空。维珍银河创始人理查德·布兰森的最乐观估计是，通过 10 年的努力，可以把票价降至 5 万美元以内。但是很遗憾这个想法没能如期实现，但这家公司一直在努力。另一家叫蓝色起源的公司，他们的太空旅游计划的票价也差不多。

我估计很多人会将太空飞行与传统的交通运输业作类比，规模化生产必然带来成本的快速下降，只要太空旅游的市场能够持续培育起来，票价应该会越来越低，直到普通人都能买得起。就好像当年的汽车、轮船、民航飞机，不都经历过一个从富人走向平民百姓的过程吗？

把制造火箭的过程与制造轮船飞机类比是可以的，火箭的制造成本确实可以继续降低，但问题是，航天发射这件事情还需要考虑逃出引力井这个大问题。为了让你知道这件事情有多难，我需要你耐下心来，听我从一个方程式讲起。

> 齐奥尔科夫斯基火箭方程

这个方程式的提出者，就是被喻为“人类火箭之父”的科学家康斯坦丁·埃杜阿尔多维奇·齐奥尔科夫斯基。这个方程就是大名鼎鼎的火箭方程，它就像孙悟空给唐僧画下的一个安全圈，人类的火箭不论怎么改进技术，都无法跳出被它圈定的性价比。

在解释这个方程之前，我们先来看看火箭这种运输工具和汽车、轮船、飞机有什么本质的不同。首先，它们有一个显而易见的不同，你想到了吗？

只有火箭在运动过程中需要不断地对抗地心引力，而其他运输工具在运动过程中基本不需要对抗地心引力。用更通俗的话来说就是，火箭是相对地面垂直向上运动，而其他运输工具则基本保持水平运动。千万不要小看这种运动方向不同造成的差异，我给你解释一下：

汽车在运动过程中要克服的阻力主要是来自地面的摩擦力，摩擦力的大小主要取决于轮胎和地面之间的滚动摩擦系数。例如，在普通的城市道路上，滚动摩擦系数大约是 0.02，意思是说，当汽车的重量增加一倍，摩擦力只会增大相当于汽车重量的 0.02 倍左右。所以，从性价比来说，货车载重量越大，单位重量的能耗反而越低。

轮船在运动过程中要克服的阻力主要来自水对轮船的阻力，水的阻力的大小主要取决于轮船的速度以及轮船和水的接触面积，与轮船本身的质量关系不大。计算公式比较复杂，但结论也和汽车差不多，轮船的载重量越大，单位重量的能耗也就越低。所以，远洋巨轮做得一个比一个大，如果不是世界上几大海峡的船闸限制，我们还会把运输船做得更大。

飞机在运动过程中要克服的阻力主要来自空气阻力，空气阻力的大小与轮船在水中遇到的阻力类似，结论也类似，飞机也是载客量越大，单位重量的能耗越低。

因此，汽车、轮船、飞机这些运输工具，它们的性价比，可以用一句话来概括：越大越划算。

但是，这个规律到了火箭这里就要被打破了。因为火箭需要对抗地心引力向上运动，所以，火箭遇到的最大阻力是地心引力，而地心引力的大小几乎只跟一样东西相关，那就是火箭的质量。火箭的质量越大，需要克服的阻力也越大。但非常矛盾的是，给火箭提供动力的燃料本身就有巨大的质量，燃料加得越多，就需要消耗更多的燃料来把这些燃料送上天。这有点像古代行军打仗运送粮草的后勤队伍，队伍的人畜越多，他们自己要吃掉的粮草也就越多。这样一来，就使得计算火箭的燃料装载量与有效载荷之间的关系变得很复杂。

而第一位把这种复杂的关系弄清楚的人就是齐奥尔科夫斯基，他提出的火箭方程也被称为齐奥尔科夫斯基火箭方程。

要深刻理解人类航天技术目前面临的困境，我们必须先深刻理解一下火箭方程。不要看到公式就怕了，这个方程并不是很难理解。你不需要跳过这些公式，只要跟着我的思路保持专注，我就保证你能够听懂它。一旦懂了之后，你就会获得洞悉原理的巨大乐趣。

$$m_1=am_0$$

方程左边的 m_1 代表的是：火箭烧完之后剩下的质量。

方程右边的 m_0 代表的是：火箭起飞时的初始总质量。

方程右边的 a 是一个系数，代表着 m_1 和 m_0 之间的关系。它们之间是一个简单的一次函数关系。

如果把这个公式改成你更加熟悉的平面直角坐标系里的 x 和 y

的关系，写出来就成了下面这样：

$$y=ax$$

这种一次函数的图像在直角坐标系中是怎样的呢？很简单，就是过原点的一根直线嘛。假如系数 a=1，那么它就是一根与 x 轴夹角为 45°的直线。

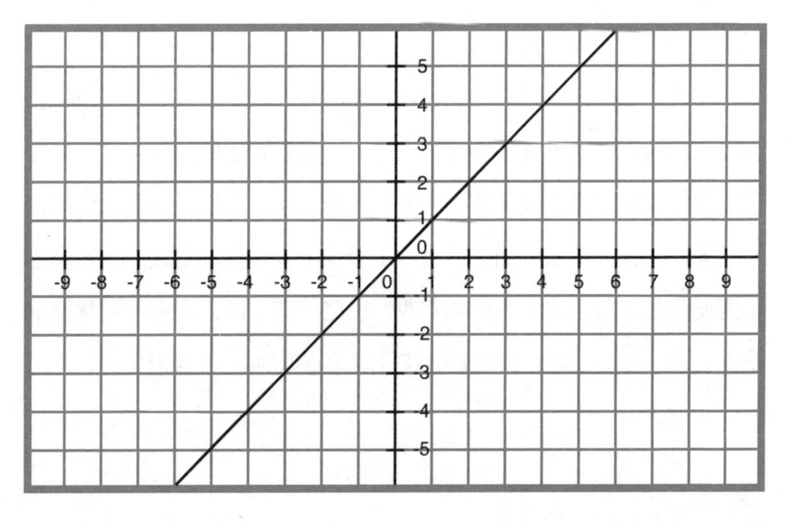

一次函数 y=x 的图像

这根直线的斜率便是系数 a 的值，如果 a<1，那么它与 x 轴的夹角就会小于 45°；如果 a>1，夹角就大于 45°。

45°的夹角就像是一个分水岭，假如夹角刚好是 45°，它的含义是：x 增大一倍，那么 y 也恰好增大一倍。

如果夹角大于45°，也就是 $a>1$，那么 x 增大一倍，y 就增大不止一倍。反过来，如果夹角小于45°，那么 x 增大一倍，y 增大的就不到一倍。

前面我们设定过，y 相当于火箭燃料烧完后剩下的纯质量，x 相当于火箭的初始总质量，也就是说，这个系数 a 的数值是大于1还是小于1决定了一个关键问题，那就是火箭的初始质量增大一倍，在火箭把燃料烧完后，剩下的纯质量到底能增大超过一倍还是小于一倍呢。通俗地说，就是火箭到底是造得越大越划算，还是造得越小越划算。

“火箭之父”齐奥尔科夫斯基的最大贡献就是把这个系数 a 的计算方法给弄清楚了，他发现 a 的数值基本上取决于两个关键参数：

一个参数是火箭加速前后的速度差值，这个参数记作 Δv，因为从地面静止状态发射的火箭速度为零，所以这个 Δv 就可以当作是火箭燃料烧完后达到的最高速度。

另一个参数是火箭的排气速度，就是火箭尾巴上喷出的那些火焰的流速，这个参数记作 v_e，这个速度也是衡量火箭发动机好坏的一个重要指标。

那么，系数 a 和这两个参数是一个什么样的数学关系呢？就是下面的这个公式。这个公式也不复杂，右边分数线下面的 e 是自然常数，Δv 与 v_e 的比值，你理解成火箭最高速度除以火箭尾气速度就行了。

$$a=\frac{1}{e^{\frac{\Delta v}{V_e}}}$$

我们的目的很简单，就是要研究这个 a 的数值大约是多少，是大于 1 还是小于 1。

要把 a 的取值范围计算出来，我们需要分以下三步：

第一步，用火箭的最高速度除以火箭的排气速度。火箭要飞离地球进入环绕轨道，至少要达到 7.9 千米 / 秒的环绕速度，这是速度的下限，实际上需要达到的速度要比这个更高一些才行。为了简化计算，我们可以把这个速度设定为 9 千米 / 秒。火箭的排气速度是多少呢？以人类目前的技术水平，大约能做到 2 — 4 千米 / 秒，为了简化计算，我们取一个均值，也就是 3 千米 / 秒。这样一来，火箭的最高速度除以火箭的排气速度就是 9 ÷ 3=3。这个数字就是下一步我们要用到的指数的数值。把数值代入公式，公式就简化成下面这样了：

$$a = \frac{1}{e^3}$$

第二步，算出自然常数 e 的 3 次方的数值，这里的 3 就是上一步算出来的那个 3。自然常数 e 是一个类似于圆周率 π 的无限不循环小数，它的值约等于 2.71828，所以 e 的 3 次方约等于 20。

第三步，取 20 的倒数，也就是二十分之一，等于 0.05。

好了，计算结束，通过这样三步，我们就计算出了系数 a 的取值。因为前面的取值都经过了一系列的简化，所以，a 的实际取值在 0.05 附近。

于是，火箭起飞时的初始总质量 m_0 和火箭加速后的纯质量 m_1

之间的关系就可以近似地写为：$m_1=0.05m_0$

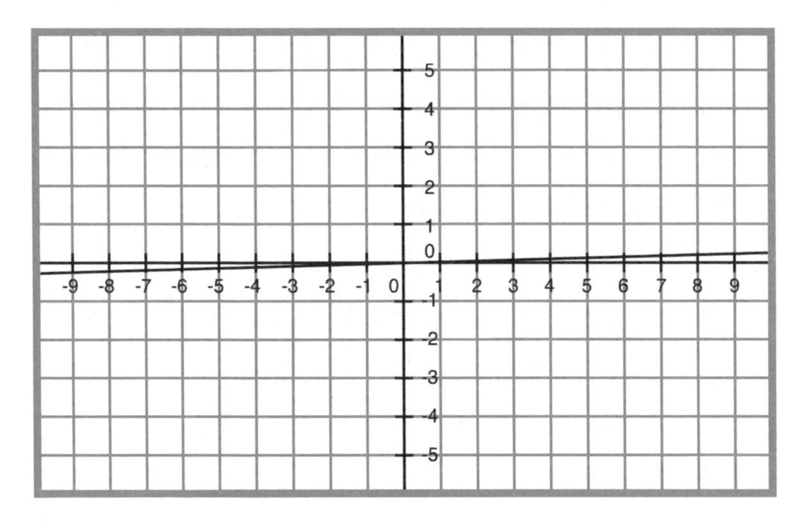

一次函数 y=0.05 的图像

这是什么概念呢？我给你解读一下，这大致意味着，火箭的燃料重量增加一倍，火箭的有效载荷只能增加 0.05 倍，若要增加一倍的有效载荷，火箭就要多加 20 倍的燃料。

这个结论有没有让你大吃一惊呢？这就是目前人类基于火箭的航天技术面临的最大尴尬和困境，我们付出 20 倍的努力，才能换回 1 倍的回报。

你要知道，燃料可不是说加 20 倍就可以加 20 倍的。燃料多，意味着装燃料的腔体要造得更大更重，对腔体材料的要求，以及工程制造技术、控制技术，也都是等比例地增加，这些又会导致火箭变得更重，需要更多的燃料。这真的感觉就是一个恶性循环。

人类到目前为止运载能力最强的火箭是把阿波罗登月飞船送上天的土星五号火箭，它可以一次性把 140 吨的东西送上地球近地轨道。这听起来非常厉害，但是，土星五号为了做到这样的运载力，就不得不把包含燃料的自重提升到了惊人的 3000 吨。如果算一下土星五号的 a 值有多大，你会发现只有可怜的 0.046，还不如我们刚刚的例子效率高呢。这就是航天发射超级昂贵的根本原因，因为火箭燃料的有效利用率实在是太低了。

讲到这里，我们可以得出一个结论：只要我们的航天发射还是采用火箭技术，那么很遗憾，在我们可预期的将来，即便人类的经济极度发达，每个旅行者都承担得起这样高昂的费用，地球上的化学燃料恐怕也不够用。

同样的道理，因为成本降不下来，所以，大规模地建设空间站也是痴心妄想，将地面上的东西送上太空，实在是太昂贵了。

要想真正降低成本，我们必须另辟蹊径，彻底摆脱齐奥尔科夫斯基火箭方程对人类航天事业的禁锢。所谓摆脱火箭方程的禁锢，意思是，把能量和载荷分离开，也就是说，燃料（或者说提供能量的物质）不需要和载荷一起上天。

以目前人类所掌握的科学理论，办法有且只有一个，它就是——太空电梯。

> 太空电梯

电梯和火箭的本质区别是，能量提供者和载荷是完全分离的，电梯可以依靠没有任何质量的电力往上升，它完全不受火箭方程的管辖，它的耗能与摩天大楼电梯的耗能是一样的。

而太空电梯设想的最早提出者,依然是我们前面一再提到的“火箭之父”齐奥尔科夫斯基。早在1895年，他就正式提出了太空电梯的基本原理。

太空电梯的原理用最简单的话来说，就是在地球同步轨道卫星上垂一根长长的绳子，一直垂到地面上。因为地球同步轨道卫星是与地球自转同步的，所以理论上这根绳子与地面接触的地点是可以固定在地球赤道的某处的。这根绳子上如果再装一个可以升降的电梯，那么就可以慢慢地升到太空中了。

再形象一点儿，你可以想象你用绳子拴着一个小球，然后用手抓住绳子，把小球抡起来。这时候，你的手就是地球，绳子末端的小球就是同步轨道卫星。如果有一只蚂蚁沿着绳子从手上爬到小球上，那不就实现了一次太空电梯的运输了吗?

当然，这么说肯定是过于简化了，实际情况比这个复杂。地球同步轨道的高度是在地球赤道上空大约36000千米处，所以，一根长达36000千米的绳子的质量也会相当大，那么绳子加上同步卫星的共同质心就在同步轨道高度以下，这样就不能保证它们整体上和地球自转保持同步了。

要解决这个问题，就需要把这根绳子继续加长，一直延伸到卫星的上方，再连接一个巨大的配重物体，使得所有连在一起的物体的共同质心刚好落在地球同步轨道上。

科学家们设想，可以从太空中捕获一颗近地小行星来充当这个

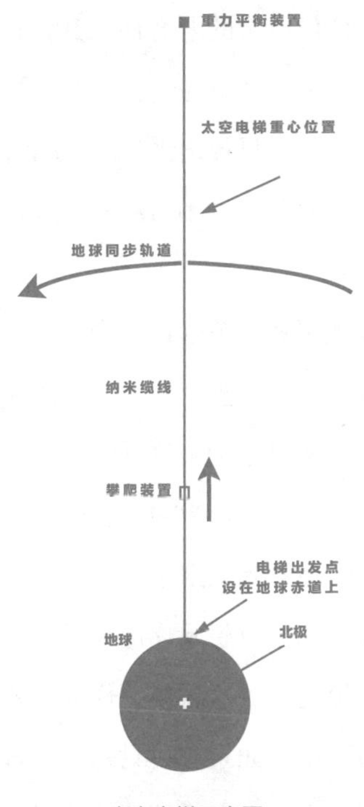

太空电梯示意图

结构中的平衡配重物体，或者将人类留在太空中的各种报废卫星收集起来。总之，这里不存在根本性的技术难题。哪怕就是用火箭不停地往上发东西，那也是一次性投入，再贵也值得。在著名的论文检索网站 ScienceDirect 上用关键词“Space elevator”检索的话，你能找到 30 多篇标题中含有这个关键词的论文。太空电梯可不仅仅是科幻小说热衷的题材，也是科学家们一直在探讨的严肃话题。

建造太空电梯的真正难点是这根超过 4 万千米的缆绳，我们究竟该用什么材料来制造这根缆绳呢？这次我们要讨论的技术奇点是超强材料。

我们对这根缆绳的材料要求是：自身的质量必须非常非常轻，而它的抗拉强度则必须非常非常高。在材料学中，材料强度的单位是“尤里”，也就是单位面积能够承受的极限力与材料的密度之比。经常被用来做眼镜腿的钛合金的强度大概是30万尤里，美国杜邦公司发明的超强材料凯夫拉的强度大约为250万尤里。而要成为太空电梯的缆绳，根据计算，它的强度应当介于3000万到8000万尤里之间。

什么材料能达到如此高的强度呢?

事实上，这种材料人类已经找到了，它就是用石墨烯卷成圆筒形状的材料，即碳纳米管。从微观上看，它是碳原子排列成吸管的形状，直径小于头发丝。不过，材料的强度会随着碳原子的厚度增大而减小，要想得到最高的强度，那就要制造出单层碳原子形成的碳纳米管。如果工艺完美的话，在理论上，单层碳纳米管的强度能达到5000万到6000万尤里的水平，这足以用作太空电梯的缆绳。现在市面上也有号称是碳纳米管的材料售卖，但那些实际上还不能称之为真正的碳纳米管，因为碳原子不够薄。

2013年，我国清华大学的魏飞教授团队成功制造出了当时世界上最长的碳纳米管，长度大约是0.55米，这项成就在线发表在了国际著名材料学期刊《美国化学纳米》上。6年后的2019年，魏飞教授团队又将这项世界纪录增加了10厘米，制造出了0.65米长的碳纳米管，论文于2019年10月发表在著名的《自然》杂志旗下的《自然通讯》上。6年的时间，才增加了10厘米，可见要制造这种材料有多难。这个纪录一直到本书刊印前,依然没有被打破。

而我们的目标是要制造超过 4 万千米的长度，这显然还有一个巨大的技术鸿沟需要跨越，但人类需要的仅仅是时间加上一点好运气。我不知道人类何时能突破这个技术奇点，但这不妨碍我大胆地畅想一下，当它被突破之后，我们将迎来怎样的太空时代。

未来的某一日，在印尼廖内群岛以东的海面上，建起了一个巨大的海上漂浮平台，这就是全世界 100 多个国家通力合作，共同参与建设的太空电梯 1 号的地面基站。这个平台装有几台航母级的引擎，可以推着平台沿着赤道线移动，既能避开恶劣的天气，还可以调整缆绳的位置，以规避有可能发生的碰撞风险。

从地面基站通向太空，有两根平行的轨道，上行和下行的电梯各行其道。每隔 30 分钟，便会有一台载重 10 吨的电梯启动上升和回到地面，这样一来一回对称运动可以让太空电梯的整体质心保持恒定。从远处看过去，就好像天地之间被两根闪闪发亮的项链连接了起来。

每吨货物被运送到地球同步轨道的成本已经下降到了 5 万美元以下，各种各样的物资以及太空游客被源源不断地送往地球同步轨道。在太空中，形形色色的工厂开始建设，在失重的太空中装配大型设备甚至比在地球上更容易，功能形态各异的太空观光设施越建越多，同时，一艘艘太空船将在太空中被直接拼装出来，地球太空港的建设也开始启动，人类将以地球太空港为基地，一点一点地扩大我们在太空活动的版图。

月球港、火星港的建设蓝图也被提上了日程，这必将是一个充满激情和斗志的太空时代。

讲到这里，我的耳中又回荡起齐奥尔科夫斯基的那句名言:“地球是人类的摇篮，但人类不可能永远生活在摇篮中。”

区块链
与
NFT

区块链何时统治全球?

什么是区块链

近年在国家的大力宣传下,几乎每个人都听说过区块链这个词,但是,区块链技术到底有什么用,大多数人仍然很难回答。

你可能知道,区块链技术可以用来设计数字货币,例如比特币就是区块链技术的具体应用。这个回答没错,但是,我国并不承认比特币的货币属性,甚至在我国境内开设比特币交易所也是违法的。严格来说,比特币目前在我国真没什么用,也不是国家层面所提倡的区块链技术的应用。还有人可能会说:区块链技术的应用前景很广泛,在金融、保险、公证、电子标签、信息溯源等方面都大有可为。但是,如果抛开这些大词,继续深入追问,你能举一个普通人能听懂的具体应用吗?大部分人恐怕都是无法回答的。

“区块链”就像一个我们非常熟悉的陌生人,天天见,但就是难以想象。为了让你摆脱对区块链的这种印象,我要从一个很具体的问题讲起。

比如说,我在电脑里写了一篇文章,有没有什么办法让这篇文

章无法被任何力量篡改呢？这里说的任何力量，指的是地球上的任何个人、机构、组织的力量。这些外部力量顶多彻底销毁我的文稿，但就是不能篡改，你能想到办法吗？

正确的答案是，在区块链技术诞生之前，是没有办法做到这件事情的，如果你尚未理解这件事情的真正含义，请看下面的分析。

首先，我电脑里的文章有可能被篡改吗？当然有可能。让黑客侵入我的电脑，修改文章中的文字，甚至把我的电脑抢走，直接修改后再送回来，都是可以的。

为了让文章更安全，我把文章发表在了网络上，比如微信公众号或者微博等，但这么做仍然不够安全。因为只要势力够大，就可以干预自媒体平台的运营，直接修改我发布在网络上的文章，而我本人则无法证明我的文章被别人篡改过。

有人可能想，那你可以在写完之后去做一个公证嘛。这还是不行，因为我最初的设定就是“任何力量也无法篡改”，公证处在国家级别的力量面前，还是可以被操纵的。公证处可以声明之前的公证过程无效而收回公证书，而我对此则无能为力。

那么，发表到杂志上怎么样呢？谁也不能把卖掉的所有杂志全都收回来重新印刷吧。但是，这个办法也不行，只要让杂志社发表一个勘误声明，重新刊登一篇被篡改过的稿件，我就又无能为力了。

这个问题的关键点在于，我必须有办法在文章被篡改后自证清白。如果我拿不出确定无疑的证据来证明文章的原稿是怎样的，我就无法真正避免文章被篡改。

Text

Some text
Some text
Some text
Some text
Some text
Some text
Some text

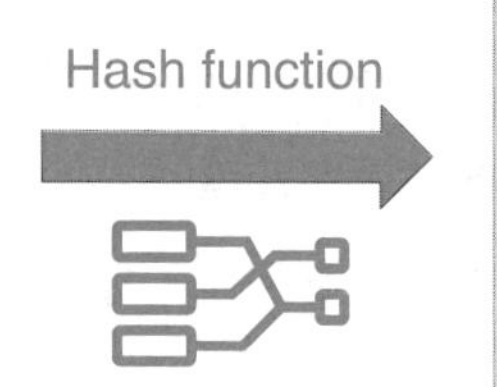

Hash value

20c9ad97c081d63397d
7b685a412227a40e23c
8bdc6688c6f37e97cfbc2
2d2b4d1db1510d8f61e
6a8866ad7f0e17c02b14
182d37ea7c3c8b9c2683
aeb6b733a1

哈希函数是从关键字到存储地址的映射

用区块链技术实现公证

但是区块链技术诞生后，我就可以很轻易地解决这个难题：

第一步：我把这篇文章抄写在纸上，然后拿着它，找人帮忙拍一张文章和我同框的清晰照片。

第二步：我用电脑上的一个小工具生成这张照片的哈希值。所谓的哈希值就是一串通常为 32 个字节的字符串，它也常常被称为文件的电子指纹。任何不同的文件对应的电子指纹都是不同的。

第三步：也是最为关键的一步，我去做一次比特币的交易，交易的金额无所谓。在比特币交易过程中，允许在交易信息中写入一串最多 80 个字节的自定义信息。我可以这么写：汪诘在 2021 年 2 月 22 日拍了一张照片，哈希值为 xxx（就是上一步生成的那个字符串）。如果你不知道如何进行比特币交易，那就干脆直接购买一个区块链刻字服务，只需要 100 — 200 元就可以做到。

完成以上三步之后，这张照片和照片上的文章就留下了永远不可磨灭的证据，在任何时候，我都可以证明这张照片的真实性。也可以用这条信息证伪那些被伪造过的照片。任何了解区块链技术原理的人，都会相信我所出示的那张照片就是原始照片，没有做过任何修改。而且，我相信，全世界没有任何一种人类的力量可以篡改区块链上的那条信息。

弄清区块链存证的原理

这就是区块链强悍的地方，这项不被篡改的能力，在区块链诞生之前，人类无法做到，这被称为区块链存证。它的基本原理是下面这三条：

第一，比特币自 2009 年诞生以来，已经吸引了全球至少几百万人参与。它已经形成了一个全球性的网络，全世界范围内分布着大约 1 万个节点，每一个节点上存放的信息都是一模一样的，这是由区块链的技术原理保证的。你不用明白区块链到底用了什么技术来保证这 1 万个节点中存放的信息是一致的，而且是绝不可能被篡改的，你只需要知道，这种保证是由数学决定的，经过全世界无数聪明人十多年来的维护和完善，它是目前人类世界中最可靠的一条信息长链。这条长链上的信息只能被毁灭，不可能被篡改。

第二，每一个电子文件都可以用数学方法生成一个唯一的哈希值。这里的电子文件是一个非常广阔的概念，它既可以小到一个字母、一个 Word 文档、一张照片、一个视频，也可以是任意多的一组文件，比如我电脑硬盘中的所有数据，甚至是某个银行所有服务器中的所有数据文件。而这个文件中任何一个字节的改动，都会导致哈希值发生变化。另外，更重要的一点是，这个哈希值是不可逆的。也就是说，我们只能从某个文件生成出一个哈希值，但是我们无法从一个哈希值中反推出文件的内容。

第三，我们把需要存证的信息生成一个哈希值，然后把这个哈希值保存到人人都可以公开读取且无条件相信的比特币信息长链中。于是，在任何时候，你都可以向世人证明你存证的那条信息的原始性和真实性。

明白了以上三点之后，一扇新世界的大门就此打开，你将从中看到一个无限广阔和充满想象力的未来，现在我们习以为常并且认为天经地义的事情，都有可能被彻底颠覆。

公证处将会消失？

一个最简单的例子：公证处将没有必要存在。公证的基本思想是，用机构信誉来让第三方相信某一条信息的真实性。但是，机构信誉与区块链用数学建构起的信誉比起来，完全不是一个等级的。从理论上来说，现在公证处的所有业务都可以用区块链存证的方式取代。而且，这样的真实案例早在 2018 年就已经发生了。

根据人民网报道，2018 年 7 月份，杭州互联网法院判决一件互联网著作权侵权案，其中采纳的关键证据来自比特币区块链。这起案件中，原告通过第三方存证平台，进行了侵权网页的自动抓取及侵权页面的源码识别，并将这两项内容和调用日志等的压缩包计算成哈希值上传至比特币区块链中。

有了前面的基础知识，这则新闻背后的技术原理就不难理解了。之所以法院会采信比特币网络上的信息，那是因为利用区块链技术建立起来的比特币网络已经是一个覆盖全球的信息网络。正因为使用的人多，覆盖的范围广，所以，它的信息可靠性极高。当达到比特币网络这样一个量级的广度和深度后，它的信息可靠性差不多就已经达到任何力量都不可能篡改的地步了。目前全世界能达到比特币区块链差不多同等规模的，还有一个被称为“以太坊”的区块链。

你或许想问：既然如此，为什么公证处还没有被淘汰呢？要说明其中的原因，就需要了解另外一个有关区块链的重要概念——共识机制，这也是区块链技术所必须面对的最为关键的技术挑战。

区块链最大的挑战：共识机制

区块链技术之所以能实现信息不可被篡改，是因为任何一个区块链上的节点计算机中都存放了一组一模一样的信息，这组信息的结构就像是一列超长的火车，是一根长长的由一节一节车厢构成的信息长链，每一节车厢就是一个存放一些特定信息的区块，这就是该技术被称为区块链的原因。

每一台节点计算机的地位都是相同的，没有任何一台计算机是这个网络的中心。每一个节点都可以申请向信息链中增加一个区块，这在区块链技术中被称为“记账权”。顾名思义，记账权就是在区块链账本中写一笔的权利。

区块链技术的原理决定，必须要让记账权成为一种稀缺的资源，才能保证所有的节点有充足的时间来同步信息。

那么，对于一个节点来说，怎样才能获得一次记账权呢？换句话说，记账权争夺的规则就是前文说的重要概念——共识机制，它是区块链技术最关键的概念之一。全世界第一个区块链就是2009年诞生的比特币网络，它的共识机制被称为“工作量证明”。（Proof-of-Work，简称PoW）

工作量证明的意思是，任何一个节点，都可以用工作量（对于计算机来说，工作量就是计算量）来争夺记账权。谁的计算量大，谁抢到记账权的概率也就更高。比特币网络评估工作量的方法非常简单粗暴，它要求参与争夺记账权的计算机按照一个非常简单的规

按照一定顺序首尾相连形成链式结构

则不停地计算某个特定的随机数。打个比方，这就好像有一个中奖概率只有几万亿分之一的彩票箱子，每个节点计算机就好像是一只可以去摸彩票的手，计算机的算力越大，就表示你摸彩票的频率也越高。比特币的游戏规则是参与摸奖的手越多，那么彩票的中奖概率也会被调得越低，总之，它要保证平均来说大约每10分钟才能让一个人中奖。之所以要限制中奖的间隔时间，这是为了让所有节点都有充足的时间来同步区块链上不断增加的信息区块。

共识机制的缺陷

这种共识机制有一个非常严重的缺陷：计算机工作需要电力，越大的计算量，消耗的电力越大。现在，比特币网络每生成一个区块，就意味着约十万度电的能源消耗，这是一个惊人的数字。这些电力完全没有用在工农业生产上，它们全都消耗在了毫无意义的简单计算上。而每一个区块，允许写入的自定义信息，也就是100多Kb，相当于五万多个汉字。这对于全世界海量的区块链存证的需求来说，简直是杯水车薪。而这个电力成本也决定了它的发展是受到极大制约的，人类可没有那么多能源供我们肆意挥霍，更不要说它带来的环保问题了。

所以，以比特币网络为代表的第一代区块链技术，因为采用的是这种PoW共识机制，从科学原理上就决定了它不可能成为全世界都用来安全存放信息的区块链，它根本无法承载这个功能。

正是因为看到了比特币网络共识机制的缺陷，人们又发明了另一种共识机制，叫作“权益证明”（PoS）。我们还用彩票箱子打比方，比特币的 PoW 机制就是谁的算力大，谁就能获得更多的抽奖次数。而 PoS 则是谁质押的虚拟币多，就给谁更多的抽奖机会。与比特币齐名的以太坊就是先用 PoW 机制运行了一段时间，又改为了 PoS 机制。

PoS 机制的好处是，不用再消耗大量的电力来争夺记账权，记账权基本上是凭运气来分配的，但坏处就是，它会逐渐丧失“去中心化”这一区块链的核心理念。新的规则有点儿像马太效应，谁的财力越大，分配的抽奖机会就越多，而抽奖机会又带来了更多的奖金。这样一来，会有越来越多的小玩家因为中奖无望而离场，不再参与抽奖。每当有一名玩家离场，在区块链的概念中，就少了一个保存完整信息的节点。事实上，以太坊就是这样，它的节点数量从早期的几万个，不断地下降到现在的几千个，而且这几千个中拥有完整信息备份的节点数量已经不足 100 个。节点数量越少，就意味着信息不可被篡改的可靠度就越低，而区块链技术之所以能引发人们的无限遐想，就在于它的可靠度。

为了解决 PoS 机制这种逐渐“去中心化”的缺陷，人们又发明了另外一种共识机制，叫作“授权股权证明机制”（DPoS）。如果还用抽奖箱子打比方，DPoS 就是通过投票竞选的方式，在全球确定若干个超级节点，这些节点的抽奖频率全都一样，这很像是全体股东推选董事会成员，成员的总数固定，但每次当选的人不一样。区别在于公司董事会定期选举，而 DPoS 是每分每秒都在投票选举，董事会成员随时都可以发生变化。

目前，采用这种共识机制的最著名的区块链网络叫作EOS，它有一套严格且复杂的节点竞选规则，截止到本书定稿的时候，符合投票和竞选资格的节点在全球有580个，得票最多的21个节点为超级节点，次多的559个为备用节点。著名的谷歌云也正在申请成为其中的节点。可以说，这种共识机制是介于比特币和以太坊之间的一种方式，它的可靠度不如比特币，要篡改EOS上的信息，只需要在同一时间购买51%的节点，也就是11个节点就够了，当然这也绝对不是一件轻易能办到的事情。但好处就是，超级节点数量少了之后，信息写入和交换的效率就可以得到大大提高。

除了我上面介绍的PoW、PoS、DPoS三种共识机制外，人们还发明了其他一些共识机制，比如，阿里巴巴旗下的蚂蚁链，采用的是一种叫作实用拜占庭容错（PBFT）的共识机制。其实，对于本书的读者来说，了解每一种共识机制的技术细节并不是最重要的事情，你只需要知道，目前所有的共识机制都是优缺点并存，它们就好像跷跷板的两头，一头是信息可靠度的高低，一头是信息记录效率的高低。比特币网络的可靠度最高，但效率最低，相比之下，蚂蚁链可能就是效率相对高一些，但可靠度低一些。

共识机制能兼顾安全和效率吗？

但共识机制就一定是跷跷板吗？安全和效率真的就不能兼顾吗？不是的，并没有哪条数学或者物理法则决定了它一定是跷跷板的两头。之所以我们今天依然没有看到区块链技术取代公证处，取代版权登记中心，就是因为我们其实还没有真正解决区块链技术在全球范围内大规模应用的技术问题。

想要把那些令人遐想的区块链应用的概念真正变成现实，就需要满足以下两个条件：

第一，存在一个或者若干个分布在全世界的区块链网络，它的广度和深度足以保证它不可能为任何力量所控制，它是一个依赖于数学法则建立起来的绝对可靠的信息长链。

第二，这条信息长链拥有足够高的运行效率，足以满足全世界每时每刻对信息安全存放的需求。

想要达成上面两个条件，区块链技术中的共识机制就必须有突破性的进展，这就是区块链的技术奇点。我们期待诞生一种全新的共识机制，它能集中所有已有共识机制的优点，去除它们的缺点，以自然选择的方式成为区块链技术的事实标准。我不知道这一天何时会到来，但我相信迟早会到来。

畅想区块链的未来

既然找到了技术奇点，我们就可以畅想一下当区块链的技术奇点被突破，当一个高度易用的全球区块链建成后，我们的世界将会变成怎样的。

首先，公证的形式将发生彻底的变革，我们既可以说不再需要公证处了，也可以说，公证将变得无处不在，也将变得极为方便。

未来我们做任何事情，只要是利用个人电脑或者手机以电子的形式处理的，我们都可以很简单地一键设置为是否需要区块链存证。这很可能成为我们手机或者电脑中的一个设置选项，打开之后，我们撰写的每一个文档以及拍摄的每一张照片、每一个视频，都会在区块链上保存一个唯一的哈希值。如果你觉得这个变化还不足够伟大，那你一定是低估了这件事情对未来生活的影响。

所有你能想到的第三方信用机构都将被区块链消灭，比如说，出生证明、结婚证明、亲属关系证明、学历证明等各种证明，将不再需要由政府或者第三方机构作为信用担保来发证。一个人一出生，他（她）的出生信息就会存在区块链上，不可能被改动。我们在生活中的所有轨迹信息，都会以区块链的形式固定下来。今天的人听到这些，或许会觉得有点儿恐怖。其实，这就跟几十年前的人听到我们今天所有的出行、住店，甚至消费信息都会被保存下来一样恐怖。几十年前的人，听说今天走在城市中的任何一个地方，都会被至少一个摄像头拍下来，估计他会吓得不敢出门。

区块链技术必然会逐渐融入我们的日常生活，今天的人们觉得恐怖的事情，未来人可能会习以为常，人类的伦理道德规范总是会被技术重塑，每个时代的人都会对未来的科技感到忧心忡忡。这可不是我的个人观点，这是已经发生的事实。

无论举出多少具体的例子，都不足以充分描述未来的区块链技术，这就有点像 30 年前用举例的方式来说明互联网有什么用一样，这样思考问题，格局有点儿小。我们不妨换一个角度，从宏观上来思考这个问题。在未来，世界上存在着一条不隶属于任何国家且不可更改的信息长链，任何人都可以将电子信息存放到这根长链上，随时都可以调取。当然，不可能是随意调取，一定会有相应的法律法规出台。区块链会成为互联网上的一个基础设施，几乎所有的行业或多或少都要用到它。医院用它记录病历，学校用它记录学历，公司用它记录所有的合同，税务局用它记录纳税信息等。我们与其思考什么行业会用到区块链,不如思考什么行业不需要用到区块链，这才是正确的思考方式。

在区块链逐渐统治世界的过程中,必然伴随着金融服务的变革。在区块链上运行着的各种各样的应用都会有金融服务的需求，区块链这种去中心化、点到点直接对接的理念，必然要求未来的银行将金融服务变成一种可以根据每一个人或单位的具体需求来定制化的灵活服务。传统的银行业务都是设计一个个标准化的产品，然后销售给有需要的客户。但是，未来的银行会让客户自己随心所欲地定制产品。最好的金融服务是让交易双方感受不到银行的存在，所有的金融服务都自然而然地融入交易双方的行为中去。具体的做法是银行只提供一套最基础的接口协议，通过对这些接口的调用，客户可以设计出自己想要的那种个性化的服务。

实际上，这已经不是一个畅想，而是正在发生的现实。

什么是 NFT？

让 NFT 破圈的一次拍卖

2021 年 3 月 11 日，一场佳士得的拍卖会，让一个稀奇古怪的名词突然走进普通大众的视线，它叫作 NFT（Non-Fungible Token），中文一般翻译为非同质化代币、不可替代令牌。

这次拍卖会的拍品是一幅名叫《每天：最初的 5000 天》（Everydays: The First 5000 Days）的数字绘画作品，它的作者真名叫迈克尔·约瑟夫·温克尔曼（Michaelw Joseph Winkelmann），笔名毕普尔（Beeple），是一位在美国很出名的数字艺术家，通俗地讲就是一位用计算机画画的艺术家。毕普尔从 2007 年 5 月 1 日开始，每天都在用计算机绘画，坚持了 5000 天（约 13 年半）。然后，他把这期间绘制的所有作品拼在一起，做成了一张超级巨大的图片（21069 × 21069）。

不过，佳士得拍卖行拍卖的既不是这张图片的电子文件，也不是这张图片打印出来的照片，甚至不是这张图片的著作权，而是这张图片的 NFT。最终，一位化名为梅塔科万（Meta Kovan）的神秘买家以相当于 69346250 美元的令人咋舌的价格购得了这幅画的 NFT，他很可能并不是用美元支付的，而是用一种叫以太币（ETH）的加密币（也称“虚拟币”）支付的。如果按照作品成交价排名，毕普尔排在所有在世艺术家的第七名。

当这场拍卖会的新闻被各大媒体报道出来后，全世界的人都在异口同声地问：“NFT 是个什么玩意儿？怎么能值这么多钱？”

一周后，那位叫梅塔科万的神秘买家的身份也被媒体挖了出来，这个化名的背后实际上是两个定居在新加坡的印度裔。两人在一篇透露他们身份的博客文章中表示：“（拍下 NFT）是为了向印度人和有色人种展示，他们也可以成为赞助人，加密币是西方和‘其他国家’之间达成平等的力量，南方国家正在崛起。”

其中一位区块链企业家维格尼什·桑达雷桑 (Vignesh Sundaresan)，他早在 2013 年就热衷加密币，曾经在加拿大创立过一个加密币交易所。他的第一桶金来自早期对以太币的投资，这是目前除比特币之外全球市值第二大的加密币种。

不过，也有一些知名人士公开质疑他们和毕普尔一起串谋了这次拍卖，目的就是营销炒作 NFT。尽管很多人说拍卖存在作秀的成分，包括我自己也有些怀疑，但确实又没有找到任何证据表明这是一次表演。不管怎么说，这次拍卖确实成了 NFT 历史上的一次标志性事件。

实际上，在佳士得的这次拍卖会之前，已经有好多其他 NFT 的天价交易记录，只不过这些消息只在小圈子中流传，而佳士得的这次拍卖会，终于让 NFT 成功破圈，成为继比特币（Bitcoin）、区块链（Blockchain）之后又一个令无数人不明觉厉的新名词。

那么，NFT 到底是什么呢？梅塔科万花了 6935 万美元买到的到底是什么？

我先用一句话回答这个问题：

梅塔科万买到的是那张照片独一无二的“数据指纹”。

重要的是，这次交易记录理论上不可能被抵赖和篡改，且几乎永远不会灭失。

更进一步说，我个人的浅见是：梅塔科万用 6935 万美元，把自己变成了“一个永不可被篡改和磨灭的故事”的拥有者，他收藏的是一段人类信息技术发展史上的重要故事，并且，他自己就是这个故事的主角之一。当然，由于 NFT 是一个新兴事物，对它的价值还没有形成广泛的共识，所以这仅代表我个人的见解。

我估计你看到这里，会觉得有点儿迷惑，对 NFT 是什么还不清楚。如果你想彻底弄清楚这个概念，必须非常有耐心，准备好跟我做一次大脑体操。要真正搞明白什么是 NFT，我们就不能吝啬时间。

要理解 NFT，有两个无论如何也绕不过去的前置概念：“区块链（Blockchain）”和“加密币钱包（Crypto Wallet）”。这就好像，如果你回到 100 多年前，向鲁迅先生介绍什么是“扫码支付”，你就必须先解释“网络”和“手机”这两个概念。

所以，我必须先详细解释“区块链”和“加密币钱包”，假如你已经很自信对这两个概念完全掌握了，那你可以跳过下面这一小节，直奔主题。

区块链是2009年由化名中本聪的人（或者组织，到今天依然保持神秘）设计出的一种信息技术解决方案，它划时代地找到了一种让特定的数字信息从理论上无法被复制或篡改的技术，它必将成为人类21世纪最重要的发明之一。

我们都知道，自第一台可编程的通用计算机埃尼亚克于1946年诞生以来，计算机中的任何信息，不过就是各种存储器中存储的一串二进制编码数据，如果转换成画面的话，就像电影《黑客帝国》中所展现的那幅景象一样：再绚丽的画面背后，也不过是一串0和1组成的数字而已。正因为这样，我们很容易将计算机中的信息进行复制和粘贴，并且粘贴出来的“副本”和“原本”从理论上来说没有任何区别。即便可以给每条信息打上时间戳，但时间戳信息本身也不过就是硬盘中的一串数字，它是可以被篡改的。这些特点似乎是由计算机运行的原理决定的，对绝大多数人而言，它们是天经地义的，就像公理一般的存在。但如果你深想的话，不难发现，计算机信息的这种易复制和可篡改的特点固然有万般好处，但也会带来很多麻烦和无奈。

首当其冲的就是盗版问题。盗版问题之所以成为人类进入信息时代后始终挥之不去的社会和经济问题，原因除了盗版的成本极低外，更重要的是版权方在维权的时候举证困难，很难用技术方法去判断一个电子文件（比如一篇文章）到底是由谁创建的，所以司法成本很高。此外，还有一些深层次的隐患，看似科幻，实则不然。

比如说，现在是一个无现金时代，我们每个人拥有的财富，其实就是我们银行账户上的一个数字。而这个数字不过就是被记录在为数不多的某几台服务器的硬盘中，一旦被黑客篡改，我们一生的积蓄就会灰飞烟灭，这种事件发生的概率尽管很低，但并不是零。如果再考虑到如地震这样的天灾，或者战争这样的人祸，关键数据（不限于银行存款数据）一旦丢失，后果难以估量。

数字信息的易复制和可篡改这两块看似坚如磐石的屏障，终于在计算机诞生的62年后被奇迹般地打破。

2008年10月31日，在一个非常专业的密码学网站上，出现了一篇仅有9页的论文（《比特币：一种点对点的电子现金系统》Bitcoin: A Peer-to-Peer Electronic Cash System），署名中本聪（Satoshi Nakamoto）。就是这篇论文，现在被称为比特币白皮书。它不仅宣告了比特币的诞生，也宣告了区块链技术的诞生。这位神秘的“中本聪”既是比特币之父，也是区块链之父。但诡异的是，迄今为止，他的真实身份依然是一个江湖传说。或许，到22世纪，人们回首评选21世纪十大未解之谜时，“中本聪身世之谜”将上榜。

让我带你了解一下这项具有里程碑意义的信息技术的基本原理。在接下来阅读的过程中，请始终记着我们要解决的问题是：

第一，如何保证信息的完整性和真实性。

第二，如何保证信息的不可否认性。

牢记这两个问题，就不至于在后文的阅读中迷失方向。

让我从一个最基本的例子开始给你讲起。

我住上海，老张住北京，我和老张平时交流都是通过“巨信”（笔者杜撰的某个即时通信工具）打字。

有一天，老张突然对我说：老汪，我突然想到一个问题，细思极恐。

汪诘：什么问题？

老张：我怎么知道你打给我的文字有没有被系统篡改呢？要知道，有时候一句话少了一个字，意思可能就完全反过来了。

汪诘：老张啊，你咋会有这种担心呢？难道信不过巨信吗？

老张：以前挺信的，现在越来越信不过了，因为，最近我老感觉你话没说完，话里有话，一句话中还经常出现莫名其妙的星号。有没有什么技术手段，能够让我相信你确实是一句话说完整了，没有被巨信删改呢？

汪诘：方法倒是有的，也不难。

老张：那赶紧说，废话要少！

汪诘：只要用一个公开的算法工具就能解决。1993 年，美国国家安全局发布了 SHA 加密算法，全称是 Secure Hash Algorithm，中文一般翻译为“安全散列算法”或者“安全哈希算法”。Hash 这个词没有对应的中文意译词，如果让我来意译 SHA 的话，我会翻译为“数字摘要算法”，基本上能表达该加密算法的含义。这个加密算法的目的就是从一段任意长度的数据中提取出一个特征摘要，学名是“哈希值”，就好像我们每个人都有独一无二的指纹，每一段数据也对应一个独一无二的“指纹”。目前使用比较广泛的是它的第二代算法，简称为SHA256，这里的“256”表示由这个算法生成的“指纹”长度固定为256比特（bit）。你可以很容易在网上找到在线生成SHA256指纹的网页，这个算法是公开的，谁都能用。

老张：有点啰唆了，老汪，然后呢？知道这个有啥用？

汪诘：我给你举个例子，比如说，我现在要给你发送一句话：“如果旅游行不通，你就再请示威总好了。”

我就可以给你发送这样的信息：

“如果旅游行不通，你就再请示威总好了。”

“AEB6CCB6FF66F6CDBC4FAC6A89BDCD4830C8BAA311221FCC4C07E9E029DD823”

第二行的字符串就是把上面那句话用SHA256加密算法加密后的密文，也就是我那句话对应的数据“指纹”。

老张：我好像有点懂了，然后我该怎么判断？

汪诘：如果你怀疑这句话被篡改了，就可以把这句话也用公开的SHA256加密算法算一下，把得到的密文和我发送给你的密文比对一下，假如是一致的，那就说明我发给你的信息是完整的，没有任何改动。这是因为，只要原始信息哪怕有再小的一丁点儿改动，算出来的密文也会变得完全不一样，毫无规律可循，很容易比对。

还用上面的例子，假如你收到的信息是这样的：

“如果旅游*不通，你就再请示*总好了。”

“AEB6CCB6FF66F6CDBC4FAC6A89BDCD4830C8BAA311221FCC4C07E9E029DD823”

你收到之后，把“如果旅游 * 不通，你就再请示 * 总好了”这句话用 SHA256 加密算法算一下，就会得到这样的密文：

“7948159012B626F31DF4AA425A1BFB260658F2D1F90611B51DA5A7544D2383E6”

这段新密文和收到的密文完全不一样，差异显著。这就说明，我发送给你的明文被修改过了，并不是我发送的原始信息，那两个“星号”不是原本就有的。

老张：这个有点意思，以后重要的信息我们就可以这样互发。

汪诘：对的。目前为止，世界上还没有任何公开的方法可以破解这个算法。这里所谓破解的大意是：根据密文找到一个能产生此密文的明文。现在密码界普遍认为，理论上无法破解。

老张：但问题好像并没有真正解决，刚才那样只能保证信息的完整性，但是无法保证信息的真实性啊。假如巨信的 AI 更聪明一点，它识别出来某个字符串代表的是某句话的密文，巨信只需要把明文和密文一起篡改掉，让明文和密文是匹配的，这样一来，我收到信息后，就没法发现信息被篡改过了。

汪诘：你的思考完全正确。刚才那步确实只能保证信息的完整性，但不能保证信息的真实性。但这个问题也有办法解决，简单来说就是，我们可以给密文也加密。但这次的步骤会稍微复杂一些，你需要有点耐心。

老张：赶紧说！

汪诘：刚才给你介绍了 SHA256 加密算法，我还要再给你介绍一种算法，也就是椭圆曲线密码算法，简称为 ECC 算法。它是 1985 年由两位美国数学家 Neal Koblitz 和 Victor Miller 分别独立提出的，在最近十多年的时间里在密码学中得到了广泛使用。

ECC 与 SHA256 算法有很大的不同,SHA256 是一种单向加密算法,只负责加密,不负责解密。而 ECC 是一种双向加密算法,它既能加密,也能解密。解密其实就是加密的逆向计算。

老张：你能举个简单一点的例子来说明吗？

汪诘：比如说，我命名了一种叫 PLUS1 的算法，它的原理就是把一个单词的每个字母改成字母表上的下一个字母。如果用 PLUS1 加密一个单词“wall”,密文就变成了“xbmm”。假如用 PLUS1 解密，逆向操作一下即可。像 PLUS1 这样的加密和解密是互逆操作的算法，在密码学界也有一个名称，叫作“对称加密算法”。

老张：很形象，加密和解密的步骤就像是沿某个轴旋转对称一样，那 ECC 算法也是对称算法吗？

汪诘：不是，恰恰相反，ECC 算法是“非对称加密算法”，加密和解密的过程完全不同。

老张：那就再举一个简单一点的例子来说明呗，一定要简单，数学小白也能听懂的那种。

汪诘：好，我试试。

比如说，我现在发明了一个叫 WJ 的加密算法，这个算法的原理非常简单，就是把需要加密或者解密的信息乘一个特定的数字。为了简化，我们规定这个信息只能是一个三位数的整数。

加密时乘的那个特定数字只有我自己知道，换句话说，只有我才能给某个信息加密。但用于解密的那个特定数字，我可以向所有人公开。这样一来，别人就只能收到密文后解密，但无法把一段明文变成密文。

老张：这听上去有点儿神奇，真有这样的两个数字吗？

汪诘：当然有，比如说，现在有一段明文是：984。

我用 WJ 算法给 984 加密，实际上就是用 984 x 91=89544，这里的数字 91 就是只有加密者才知道的特定数字，在密码学界，这个数字就被称作私钥（私人掌管的钥匙），于是，用这个加密算法加密后得到的密文就是：89544。

然后，我宣布解开我这条密文的特定数字是 11。任何人只要知道了密文和数字 11,就能解出加密前的原始信息。我们来试一下：89544x11=984984。是不是很有意思？你可以用任何一个三位数的整数，先用 91 加密，再用 11 解密。

用于解密的这个数字，在密码界被称为公钥（公开的钥匙）。

WJ 算法就是一个非对称加密算法，也就是说，用于解密的算法并不是加密算法的逆向操作。加密需要用到私钥，解密需要用到公钥，两把钥匙完全不同。

老张：你刚才说的 WJ 算法我想了想，看上去很神奇，其实不难理解。91x11=1001，任何三位整数乘以 1001 都会得到一个前三位和后三位重复的六位数，这个要证明似乎不难。

汪诘：是的，这是一个极其简化的非对称加密算法的例子。因为太简单了，所以没用，略微懂点儿数学的人知道了公钥是 11，很容易就猜出私钥是91，换句话说，这个算法太容易被破解。对于非对称加密算法来说，最重要的就是绝不能被破解，即通过公钥猜出私钥是什么。

老张：看来，你说的椭圆曲线密码算法ECC就是一个安全的，无法被破解的非对称加密算法。

汪诘：是的，不过，更准确一点说，ECC并不能将密文再解回明文，它实际上是用非对称的方式生成数据“指纹”，我们可以用它来给一段信息作校验（鉴别真假）。

老张：原本以为自己懂了，被你这么一个“更准确地说”，我又迷糊了。要不我们还是回到最初的问题，你就直接说，有了这个ECC算法后，我们要怎么做才能确保我俩之间发送的信息不被篡改。

汪诘：步骤略微有一点儿复杂，但也不难理解。

首先，ECC也是一个公开的算法，你可以在网上找到在线的加密工具。

下面，我们来实战一下。我要发送给你的还是那句话（明文）：“如果旅游行不通，你就再请示威总好了。”

第一步，把这句话用SHA256加密，得到：

AEB6CCB6FF66F6CDBC4FAC6A89BDCD4830C8BAA311221FCC4C07E9E029DD823

后面我们把上面这段密文用“密文1”指代。

第二步，用ECC算法生成一对私钥和公钥，比如：

私钥：

MHQCAQEEIE4/uNFSbvVm3HuNaMk0w0e3ETPvGyAQkjiI2t1uOM5XoAcG

BSuBBAAK

oUQDQgAEX2BZgi7M3u+PW0qZOrZywTdmzFjgApp4wrbLZ9Gs9X5GoenY

WuEiqocC

JF8Rf9o4Tp/8gM9TnAcGvvbObUFScA==

公钥：

MFYwEAYHKoZIzj0CAQYFK4EEAAoDQgAEX2BZgi7M3u+PW0qZOrZywTdm

zFjgApp4

wrbLZ9Gs9X5GoenYWuEiqocCJF8Rf9o4Tp/8gM9TnAcGvvbObUFScA==

第三步，再次使用 ECC 算法，用私钥给“密文 1”加密，得到：

MEUCICCM6GrdkgPUo5U1/SYAP+5hmj0B4ldClXFZ9vnClq11AiEAr03Q

iSOuU5eMTu2VbaD+DqGHu9oAT5UCdK8c6MbSMjE=

后面我们把上面这段密文用“密文 2”指代。

第四步，我将明文、密文 1、密文 2、公钥这四段信息一起发送给你。

明文：如果旅游行不通，你就再请示威总好了。

密文 1：

AEB6CCB6FF66F6CDBC4FAC6A89BDCD4830C8BAA311221FCC4C07E9E0

29DD823

密文 2：

MEUCICCM6GrdkgPUo5U1/SYAP+5hmj0B4ldClXFZ9vnClq11AiEAr03Q

iSOuU5eMTu2VbaD+DqGHu9oAT5UCdK8c6MbSMjE=

公钥：

MFYwEAYHKoZIzj0CAQYFK4EEAAoDQgAEX2BZgi7M3u+PW0qZOrZywTdm
zFjgApp4

wrbLZ9Gs9X5GoenYWuEiqocCJF8Rf9o4Tp/8gM9TnAcGvvbObUFScA==

老张：收到。我好像知道接下去该怎么办了。假如我怀疑明文被篡改。我就做一次校验。首先，在ECC算法中，输入三个参数：公钥、密文1、密文2。然后执行运算，运算过程实际上就是鉴别一下密文2是不是密文1的密文，如果校验通过，说明密文1没有被篡改，是真实的。然后我再将明文用SHA256生成密文，与密文1进行比对，如果一致，我就可以放心地相信收到的明文的真实性了。

汪诘：完全正确！

老张：且慢。我怎么觉得，这完全是多此一举啊？既然ECC本身就可以做到非对称校验，那你直接把明文用ECC算出密文，然后把明文、公钥和密文发给我，我校验一下不就行了。何必中间再多一步，来个密文1和密文2呢？

汪诘：（汗如雨下）老张，你掌握得也太快了点儿吧，连这都被你看出来了。

的确，如果仅仅是为了确保两个人聊天互发文字信息的完整性和真实性，上面那个步骤确实过于繁琐，其实只需要发送信息的人用ECC算法做一次加密，而收到信息的人也用ECC算法做一次校验就可以达到目的。

但我举上面这个例子的目的只是让你理解几个最基础的概念，

即数据“指纹”（哈希值）、对称加密和非对称加密。

实际上，在某些较为复杂一点的应用中，这个看似有点儿繁琐的步骤就是必需的了。比如说，发送方不想让接收方看到明文，只需要让接收方相信明文已经完整且真实地送达了。

再比如说，发送方要发送的明文不是简单的一句话，而是一个非常大的文件，里面包含海量的数据，那么直接把这个文件用 ECC 加密，速度就会变得很慢。但 SHA256 加密的效率就要高得多，可以瞬间就从原始数据中提取出一段只有 256 位的“指纹”信息。再给这段不长的“指纹”信息用 ECC（或者其他非对称加密算法）加密，速度就会快得多。

还有很多其他好处我就不再一一列举了。

希望看到这里，你已经理解了计算机专家们是如何解决信息的完整性和真实性的问题。

不过，以上这些技术都是成熟技术，并不是中本聪的发明。真正属于中本聪的创造性发明是下一小节我要讲的：解决信息的不可否认性难题。本小节是你能看懂下一小节内容的必要前置知识。

如何保证信息的不可否认性

首先，我需要解释一下什么是信息的“不可否认性”。

比如说，在我写完本文后，我有一个强烈的愿望：我希望任何人都不能篡改这篇文稿的任何一个字，哪怕是动用任何力量都不能篡改，最多只能从世界上把我这篇文章彻底销毁，但休想篡改任何一个标点符号。这个需求，在区块链技术诞生之前，几乎是不可能的。

当我写完这篇文章后，我把它发表在了网络上，这时候，假如有一个拥有极大权势的人想跟我恶作剧，他利用自己的权势，修改了我发布在网络上的这篇文章，在文章中调动舆论对我进行抹黑。这时候，我基本上就是跳进黄河也洗不清的，因为我根本没法证明有人篡改了我的文章。

有人可能想，那你可以在写完之后去做一个公证嘛，这总不能篡改了吧？但是，我前面说了，我假定这个权力很大的人可以调动国家力量，那么，他完全可以命令公证处出一个声明说是我伪造了公证文书。怎么样，还是跳进黄河也洗不清吧。

哪怕我写完文章后发表在了杂志上，也一样可以被销毁重印，哪怕有这么几本遗留了下来也没用。因为最关键的问题是，我无法自证清白，我拿不出确定无疑的证据来证明我的原始文章中没有那句话。

凡是你能想到的证据，在更强势的力量面前其实都不堪一击，你仔细想想是不是这样？但是，区块链技术就能帮我实现这个梦想。

区块链技术的基本设想是这样的：

让分布在全球各地的计算机自愿结成一个网络，数据一旦被创建，任何一个节点计算机中都存放了一组一模一样的数据，这组数据的结构就像是一列超长的火车，是一根长长的由一节一节车厢构成的信息长链，每一节车厢就是一个存放一些特定数据的区块，这就是该技术被称为区块链的原因。重点在于：每一台节点计算机的地位都是相同的，没有任何一台计算机是这个网络的中心。只要还有一台计算机没有被销毁，数据长链就可以被完整地重建。这就好比我们人体中的每一个细胞中都含有一根一模一样的基因长链。

区块链存储数据的最基本结构如下：

除了第一个区块（创世区块），之后的每一个区块都包含下面这些信息：

前一个区块的数字指纹 + 固定信息 + 收到的交易记录 + 一个随机数。

这个世界上许多划时代的发明都有一个特征，在发明之前没人想到，在发明之后，每个人都会感叹“我怎么没想到”，区块链也是这样的一类发明。这是一个简洁而又巧妙的数据结构，每一个区块中包含的那个“指纹”就像锁扣一样，牢牢地锁住了每一个区块。在这个结构中，任何一个区块上的数据只要被改动哪怕一个比特，都会导致这个区块之后的所有数据“指纹”都不同。因此，这条数据长链就具备了“不可否认性”，数据一旦被写入区块，从此再也无法被篡改。换句话说，区块链只能被销毁，不能被改变。

区块链上的每一个节点都有机会申请（讲得残酷一点叫“争夺”）向区块链中增加一个区块，这在区块链技术中被称为“记账权”。获得记账权的计算机将需要写入区块链的数据广播给所有节点计算机，然后，其他节点计算机对收到的数据进行校验。在确定数据的完整性和真实性之后，所有节点计算机把收到的数据按规定的格式写入本地区块链中。

这几年大名鼎鼎的比特币网络，就是世界上第一个用区块链写成的账本。而所谓的比特币，其实质就是在这条区块链中写入的一系列账目信息，例如：

某时，某账号获得多少比特币。

某时，某账号中的多少比特币转入某账号中。

因为这个账本用数学算法保证了完整性、真实性和不可否认性，所以，上面记录的一切信息，所有人都会认。比特币系统就好像是上天撰写的一个账本，上面写了谁有多少比特币，谁就有多少比特币，没有人会怀疑它的真实性和准确性。

自 2009 年 1 月 3 日，比特币网络的创世区块生成至今，它已经形成了一个全球性的网络，全世界范围内分布着大约 1 万个节点，每一个节点都储存着一条完整的比特币区块链。

讲到这里，我们回到本章一开始的那个例子，我只用三步，就使我的这张照片或者说我写的文章留下了永远不可磨灭的证据，且没有任何一种人类的力量可以篡改比特币区块链上的那条信息。

区块链技术诞生至今，除了第一条比特币区块链外，全世界又诞生了很多目的不同、节点数量不一的大大小小的区块链。其中以太坊是目前公认的第二知名的区块链项目，它从 2015 年正式上线，到 2022 年 1 月已在全球分布 1 万多个节点，依托于以太坊区块链的“以太币（ETH）”也成了目前市值仅次于比特币的第二大加密币，市值高达 4000 亿美元左右（大约是比特币的一半）。就是在以太坊这条区块链上，诞生了我们今天这篇文章的主题——NFT。不过你还是需要有耐心，在正式介绍 NFT 之前，还有另外一个重要的概念绕不开，那就是“加密币钱包”（Crypto Wallet）。

加密币钱包

看到这里，我想你大概已经发现，对于一个区块链来说，节点数量很重要，节点数量越多，分布得越广，那么这个区块链也就越可靠，任何一个依托于该区块链上的服务也就相应越可靠。所谓皮之不存毛将焉附，就是这个道理。

那么，一个区块链靠什么来吸引全世界各地的人花钱买性能极好、硬盘超大的计算机，自愿成为该区块链的节点呢？况且，还得支付电费、网络服务费，没有好处肯定是无法持久的。目前来说，几乎所有已经形成规模的区块链，给节点的好处就是支付本区块链“发行”的加密币。所以，比特币网络的节点计算机，获得的好处就是比特币；以太坊的节点计算机，获得的好处就是以太币。而所谓“发行”加密币，实际上就是在这个区块链上写上一笔：某账号在某时获得多少个加密币。这些加密币是凭空创造出来的，因此也有人把加密币戏称为“空气币”。但是，空气取之不竭，用之不尽，加密币可不是。任何一种加密币，它生成的规则、奖励的规则以及总量限制（某些加密币有产量上限，如

区块链挖矿

比特币 2100 万枚），都是写在人人可以查阅的程序代码中。没有任何一个人可以用自我意志控制加密币的产出，游戏规则对于所有参与者都是公开透明的。所以，加密币的实质是一种“共识币”，如果有一种加密币价值归零，原因只有一个，那就是“共识的幻灭”。节点数量越多越广，则意味着该加密币的共识越牢固。在币圈中，判断一种加密币节点数量的增减趋势，也是判断这种加密币涨跌大势的重要依据之一。

从理论上来说，你只要有硬件性能达标的计算机，就能安装某个区块链项目的最底层客户端软件，比特币系统把这个软件叫比特币核心（Bitcoin Core），以太坊也有自己的底层客户端。在这些客户端软件第一次启动的时候，都需要下载自该区块链诞生以来的所有区块数据（Blockchain）。2022 年 1 月，比特币区块链大小约

400G，以太坊区块链大小约 900G。

有了底层客户端软件，就可以用它来争夺记账权，获得加密币奖励，因此，争夺记账权也被称为“挖矿”，这个俗称很形象，因此广为人知。不过，挖矿的难度极大，我们普通人用普通的家用电脑挖矿，假如倒回十多年前，还有可能成功，但目前成功的概率无限接近于零。当然，你也可以用底层客户端软件来收发加密币（如果你拥有的话）。

可能你看出来了，如果我不想挖矿，只想实现收发加密币的功能，也非要装一个这样庞大的客户端软件，那实在是太不方便了。

于是，就有第三方开发出“加密币钱包”软件，帮你实现管理加密币的功能，它的基本工作原理是这样的：

加密币钱包⇄钱包服务器⇄区块链数据

加密币钱包并不直接与区块链数据打交道，而是把请求发送到钱包服务器，由钱包服务器代为与区块链发生联系，服务器只是把处理的结果通知加密币钱包。这样一来，加密币钱包就可以做得非常小巧轻量，既可以用网页（或者网页插件）实现，也可以是一个手机上的 App，或者一个轻巧的客户端软件等。

市面上各种加密币钱包已经多如牛毛，至少上百款。但大致可以分为两类，一类是通用型钱包，一类是专用型钱包。通用型钱包可以管理各种不同的区块链上的加密币，管你是什么比特币、以太币、莱特币……用一个钱包就能全搞定。比较著名的通用型钱包有

Coinbase Wallet、Trust Wallet、Blockchain Wallet 等。

专用型钱包只能管理某一个区块链上的加密币，比如说 MetaMask、Rainbow 等，这些钱包只能管理基于以太坊的加密币。以太坊是一项开放式的区块链项目，除了自己主链上发行的以太币外，还可以允许用户生成自己的加密币（这也催生了无数个所谓的 ICO 项目和一堆试图通过加密币来割韭菜的坏人）。

现在的加密币市场已经呈现出一种井喷的状态，我简单数了一下，截止到 2022 年 1 月，市值超过 10 亿美元的加密币就有 47 种。不管对“空气币”的批评声和唱衰的声音有多少，加密币已经成了这个世界不可忽视的一股经济力量，不管我们喜不喜欢，它就在那里。

从界面上来看，加密币钱包很像最早期的支付宝界面，甚至它们的工作原理都很像。不过，使用加密币是完全匿名的，在加密币钱包中注册一个账号不需要提供任何有可能暴露身份的信息。匿名性是加密币的基因中自带的，在加密币的世界，谁掌握了私钥，谁就掌握了加密币。除非你想要把加密币兑换成某种法定货币（比如美元、欧元等），你才需要实名认证。因为按照很多国家的法律，这相当于是投资收益，需要申报纳税。

尽管加密币钱包与底层客户端相比，存在一定的潜在安全性问题，但总体上还是相当安全的。绝大多数普通人想要使用加密币，完全可以选择上述这些加密币钱包作为媒介。如果想进一步降低被黑客盗窃的风险，可以多注册几个不同的钱包，将你的鸡蛋（加密币）分散存放。

我经常会被问到一个问题：加密币能兑换成“真钱”吗？

我想，之所以会有这个问题，是因为目前加密币能直接消费的场景还很少，只有兑换成法定货币后，才能用来实实在在地消费。但如果未来有一天，我们需要的服务或者商品基本可以使用加密币直接支付的话，也就没人关心加密币是否能兑换成法定货币的问题了。这就有点像现在很少人关心微信支付中的零钱是否能提现、需要多少提现手续费一样，或许有些年轻一点的读者都看不懂“零钱提现”是什么意思。

我个人对未来的预测是：将来，虚拟世界的虚拟服务或者物品，用加密币支付会逐渐成为主流。比如，购买网络游戏中的道具，购买元宇宙中的演唱会门票，购买各种网络应用的会员服务等。加密币的无国界、匿名性、去中心化等法定货币不具备的特点会让加密币在某些使用场景下变得优势明显，逐渐驱逐法定货币。

这是因为我们每个人似乎都有隐藏自己真实身份的天性，而欧美国家的人对个人隐私又极其看重，假如有选择的话，大多数人都愿意选择以不透露自己真实身份的方式进行交易。

不过，目前世界上主要的一些加密币，比如比特币、以太币都还无法承担流通货币的重任，因为从技术上来说，它们每秒钟能处理的交易笔数远远不够。比特币大约每秒能处理 7 笔、以太币约 25 笔，这显然无法满足交易需求。此外，比特币、以太币的产出消耗大量的电力，也饱受诟病。但我相信这些问题都是可以被解决的技术问题，比如，从 2022 年开始，以太币逐步修改“共识机制”（由工作量证明改为权益质押证明），通俗地说就是“生产以太币的方法”。一旦新的共识机制转换成功，估计以太币对电力的消耗将会下降 99.95%。

讲到这里，我有一个更大胆的预测：10 年后，人人都需要一个加密币钱包，就好像现在人人都需要一个支付宝这样的法定货币钱包一样。加密币钱包和法定货币钱包的关系是共生关系，并不是谁取代谁的关系，它们各有各的使用场景。但最终，它们会合二为一（或许还需要 50 年）。

我之所以敢这么预测，是因为法定货币的基因来自现实世界，而加密币的基因则来自虚拟世界。虚拟世界会逐渐成为现实世界的一个平行世界，其实，现在我们已经同时生活在这两个世界中，只是虚拟世界还处在极早期的雏形阶段。未来,随着技术的不断进步，虚拟世界会变得越来越丰富，占我们生活的比重也会越来越大。而加密币钱包，就是我们在未来虚拟世界中的通行证。就好像我们在现实世界中不能没有身份证一样，我们在未来的虚拟世界中也不能没有钱包地址，这个钱包地址就是一个在虚拟世界中通用的 ID，它代表了你在虚拟世界中的身份。未来，会有越来越多的网络服务需要用你的加密币钱包来登录，没有钱包，我们在虚拟世界中将寸步难行。

而当你拥有了一个加密币钱包，就可以自己铸造或者收藏别人铸造的 NFT 了。

感谢你一直耐心地看到这里,有了“区块链”和“加密币钱包”的前置知识，NFT 的大门就向你敞开了。

我们终于该进入本节的正题了。

有一种画家被称为“数字艺术家”，他们不是用传统的画笔，而是在电脑上用鼠标和数位板来创作美术作品，在日常交流中，我们有时也把他们称为“电脑画师”。相比于传统的画家，数字艺术家从诞生以来就有一大烦恼，那就是很难证明一幅作品是自己创作的。数字美术作品一旦在互联网发表，很容易被复制、分发，任何人都可以声称是自己创作的，哪怕原作者在作品上签了名，想要改掉那也是分分钟的事情。这个烦恼困扰着很多人，也有很多人试图通过技术手段解决这个问题，其中就包括美国人阿尼·达什（Anil Dash）。

达什是一家软件公司的创始人，他对新技术有着职业敏锐性，也热爱数字艺术。当接触到比特币和区块链等新概念后，他敏锐地意识到，或许这项新技术在数字艺术领域有潜在应用，可以帮助数字艺术家对作品进行确权。

2014 年 5 月，他作为技术专家受邀参加纽约新当代艺术博物馆的一项年度活动。这个活动叫“赖泽木的 7×7 第五届年会（Rhizome's Seven on Seven, the fifth annual conference）”，举办者每年都会选出 7 名顶尖的艺术家和 7 名顶尖的技术专家配对，去挑战一些新东西。和达什配对的是数字艺术家凯文·麦考伊（Kevin McCoy），巧合的是，麦考伊过去几个月也在思考如何将区块链技术应用到数字艺术领域。他们俩碰面后，就展开了热烈的讨论。他们发现，实际上已经有很多人在各种场合都提到过区块链技术可以帮助数字艺术品确权，但遗憾的是，此前从来没有人真正去实践过。于是，达什和麦考伊决定把想法付诸实践，向公众展示如何利用区块链来确立一件数字艺术品的所有权，并且转让这个所有权。

2014 年 5 月 3 日 19 点前后，在纽约新当代艺术博物馆，达什和麦考伊在很多观众面前，完成了史上第一次数字艺术品在区块链上的交易。他们当时的做法是这样的：

首先，他们在推特上发了一条推文，大致内容就是声明一个名为量子（Quantum）的 GIF 动画是由麦考伊创作的。然后，达什当众从钱包中掏出了 4 美元，支付给麦考伊。麦考伊则把一个名为 Namecoin 的区块链上的一个加密币支付给达什，并且在交易信息中输入 GIF 动画的编码信息（SHA256 哈希值），这些信息就被永久地保存在了 Namecoin 区块链的 #1217706 区块中。

达什向现场不明觉厉的观众解释说，我们交易的这个叫作“货

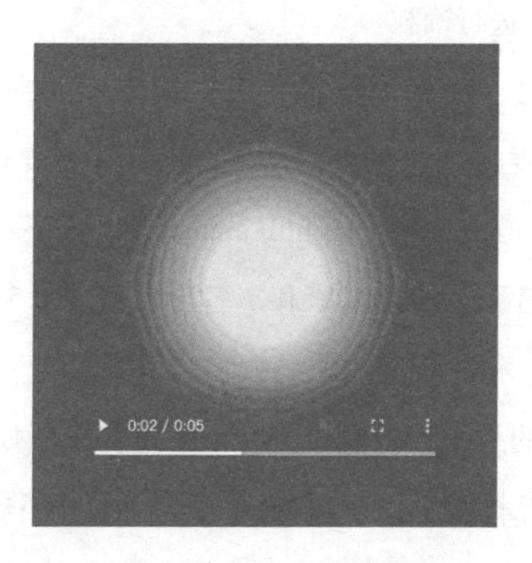

量子（Quantum）GIF 动画

币化图形（Monegraph）”[1]，这是我们自创的一个词，因为刚才我们交易的那个加密币和这幅叫作“量子”的GIF图是绑定在一起的，它是全世界独一无二的。过去，不管是什么区块链上的加密币，每一个加密币都“长得”一模一样，但我们今天创造了一个与众不同的加密币，或者说，我们创造了一幅独一无二的被赋予了加密币属性的图形。

达什和麦考伊的这次有点儿像行为艺术的展示并没有在当时引起轰动，绝大多数观众完全看不懂他俩在做什么，在场的所有人包括他们自己都不可能料到，7年后这个东西在苏富比拍卖行以147.2万美元的价格成交。彼时，NFT这个词还没有被发明。但今天，达什和麦考伊的这次行为被公认为是NFT的开端，这个词正式登上历史舞台还要再等一年多。

一年后的2015年10月，才刚刚上线3个月的以太坊的开发者们齐聚伦敦，讨论着与区块链技术相关的各种前沿话题，这是以太坊首届开发者大会。恐怕他们之中没有人会想到，5年后，以太币的总市值能飙涨到几百亿美元，成为全球第二大加密币。

在这次开发者大会上，他们启动了一个名为“艾泽里大陆（Etheria）”的游戏项目，这是一个非常简单的小游戏。在一个由六角形瓷砖铺成的大陆上占地造房，有点像“大富翁”游戏。

但Etheria的与众不同之处在于，它是一个区块链游戏，换句

1　以上内容依据阿尼·达什2014年5月10日撰写的文章*A Bitcoin for DigitalArt*，https://medium.com/message/a-bitcoin-for-digital-art-8c7db719e495。

Etheria 游戏

话说，游戏数据以区块链的方式存储。

在这个游戏中，有 457 块瓷砖是可以用以太币（ETH）购买和交易的。这些瓷砖就被开发者称为“NFTs”，NFTs 就是 Non-Fungible Tokens 的缩写（结尾那个小写的 s 表示复数）。什么意思呢？就是“非同质化代币、不可替代令牌”的意思。每一块瓷砖都有一个独一无二的数据“指纹”，这些“指纹”信息被记录在以太坊区块链中，它们一旦被购买或者交易，记录在哪个钱包地址的名下，就具有了不可否认性。

再说得通俗点，有时候我们会在日常口语中说“钱和钱长得都一样”“我的钱就不是钱吗？”“收谁的钱不是钱？”没有人听不懂这些话的含义，这是因为，我们都知道，所有的钱都是同质化的，没人在乎用你的 100 块钱换我的 100 块钱。但 NFT 就是长得不一样的加密币，我的这枚加密币和你的那枚不一样，因为它们绑定的图形是不同的。

不过，在 Etheria 的发布会上，观众们静悄悄的，那个时候，跟区块链有关的各种点子可以说是层出不穷，大家也就是把它当作是无数个新概念中的一个而已，人们很清楚，这些新概念中的 99% 很快就会被人遗忘。尽管当时每块瓷砖只卖 0.43 美元，但也没有一个人感兴趣。在此后的五年多中，这些瓷砖的大部分都没有被人买走，此后的疯狂（后面会揭晓到底有多疯狂），谁又能未卜先知呢？

时间走到了 2017 年 9 月，一些程序员开始在 GitHub 社区讨论 NFT 的标准协议，这时候关于 NFT 的概念已经越来越清晰了，它的潜力也被越来越多的人注意到。2018 年 1 月 24 日，首个 NFT 标准 ERC-721 在以太坊官方网站创建，并于当年 6 月定稿。一个 NFT 在以太坊区块链上该如何创建、如何记录、如何交易等，都有了清晰明确的规范。至此，NFT 终于从一个概念变成了某种共识。请大家注意一点，ERC-721 并不是说只能为以太坊所用，实际上它是一份有关 NFT 的公开协议，任何区块链都可以遵循这份标准协议，以太坊只不过是第一个支持该协议的区块链。在以太坊之后，有越来越多的区块链项目支持该协议。

在该协议讨论并最终被确立的过程中，出现了不少类似 Etheria 这样的游戏项目，其中比较出名的是一个叫“加密猫咪（CryptoKitties）”的收养类游戏，玩家们不惜用 10 万美元一只的价格购买虚拟猫咪，总成交额超过千万美元。这个项目后来也支持 ERC-721 协议。

ERC-721 的出现，标志着 NFT 正式登上了历史舞台，这也是 NFT 历史上最为重要的一份文件。很快，基于该协议的 NFT 项目越来越多，NFT 的拍卖价格也屡创新高。

另外一个 NFT 历史上的标志性项目叫“加密朋克 Crypto Punks”，由两个加拿大人在 2017 年 6 月发起，它由一万个独特的艺术头像组成，每个头像的大小不过 24×24 像素，大部分是人类，也有僵尸、猿和外星人。这些头像据说完全是由计算机程序生成的，没有任何两个头像完全相同。

这些头像的编码信息被作为以太币的附加信息，任何人只要有一个加密币钱包就能免费认领，唯一的成本只是一点矿工的打包费用（Gas Fees）。当这个项目支持 ERC-721 协议后，这一万个头像就成了一万个 NFT，每一个的身价都暴涨，从几万美元飙升到几十万、几百万甚至几千万美元。

2021 年被称为 NFT 疯狂年，3 月 11 日，毕普尔的《每天：最初的 5000 天》以 6935 万美元成交。2 天后，3 月 13 日，Etheria 上出售的 400 多块六角形瓷砖在 24 小时内全部售罄，总成交额高达 140 万美元。然后，各种 NFT 拍卖会此起彼伏，一个 NFT 的拍卖价如果少于 1000 万美元，都上不了新闻。

不仅是图形，任何数据都可以被铸造成 NFT，比如音乐、视频、程序代码，甚至某条推特，因为在计算机的储存器中，它们都是一样的数据，并没有什么本质不同。只要是能够被计算出哈希值的东西，都可以被铸造成 NFT 拿来售卖。比如说，被称为“互联网之父”的蒂姆·博纳斯-李（Tim Berners-Lee）就把自己当年创建 WWW

CryptoPunks 的部分头像

协议的源代码铸造成了 NFT 交给苏富比拍卖行拍卖，最终的成交价是 543.4 万美元。

不过，从 2021 年 11 月份开始，NFT 市场开始降温。加密朋克（CryptoPunks）是最有代表性的 NFT 项目，它可以被看成是 NFT 市场的晴雨表，因此，有人专门为它编制价格 K 线图。比如专门分析加密币市场价值的网站 CoinMarketCap.com 就有加密朋克的专属网页。

尽管 NFT 的热潮进入 2022 年后有所减退，但总体上依然处在高热期，我们可以从一个专门监测加密朋克成交价格的网站上看到，#2681 头像在 2022 年 1 月初的成交价依然高达 309 万美元。面对 NFT 市场创下的那一个个距离普通人非常遥远的天文数字般的价格，无数人都看傻了眼，觉得不可思议。那么，天价买下 NFT 的那些人，是人傻钱多吗？他们是庞氏骗局中的韭菜，还是乐于玩击鼓传花的赌徒，还是眼光长远的精明投资者呢？

NFT 是赌博还是投资？

在我的印象中，凡是第一次看到 NFT 的天价拍卖新闻，然后简单了解了一下什么是 NFT 的人，往往都会得出一个结论：那些有钱人不是傻就是疯。

但这个结论不符合逻辑。只要随便了解几个用天价拍下 NFT 的人，不难发现，他们都是聪明人，否则也挣不到那么多钱。并且，这些人不但有钱，还往往都是一群特别喜欢了解新事物，始终保持旺盛好奇心和学习力的人。像这样的一些人，怎么可能是"人傻钱多"呢？

如果这些人中偶尔有那么一两个疯了，还说得过去，但 NFT 的参与者可不是一个两个，他们已经形成了一个平均每天超过百万美元交易额的市场。

假如富人们的一些行为我们怎么也看不懂，那最有可能的一种情况就是：贫穷限制了我们的想象力。请不妨先用空杯心态，听我给你作一些分析。

现在购买 NFT 的人，有一些是对 NFT 完全不了解的人，他们仅仅是因为看到大家都在排队买东西，也本能地上去排队买。这部分人存在，但不会很多，而且这部分人也不会一出手就去买几百万美元的标的物。这些人我不作讨论。

大多数人有一个误解，以为买下 NFT 就是买下了一件数字艺术品的所有权。比如，某人花 100 万美元买了一个加密朋克的头像，很多人以为这个人买下了这个头像的著作权，除了买家，别人不能使用这个头像。有很多这样想法的人会去下载那个头像图片，然后换成自己的头像，以为这样就能气死那个花了 100 万美元的买家，他们会在网上喊："你看，我一分钱没花，我不也能用这个头像吗，有本事你就来告我啊，哈哈哈哈。"因为下载图片的操作往往是点击右键然后"另存为"，所以，这样的心态也有个术语，叫作"右击者心态"（Right-clicker Mentality）。实际上，NFT 并不是数字作品的著作权。购买 NFT 是完全可以匿名购买的，真正拥有某个 NFT 的从理论上来说并不是某个人，而是某个钱包地址，谁拥有了这个钱包，谁就拥有了该钱包中的 NFT。对于艺术家毕普尔来说，他虽然卖掉了自己 5000 天创作的作品合集的 NFT，但完全不影响他用这些作品继续向别的使用者收取授权费。那 6935 万美元对他而言，就是凭空从天上掉下来的馅饼，这天底下还真有这样的好事情。

那么，买家到底买的是什么呢？

要回答这个问题。我们还得回到"收藏"的本质。

我们先回到传统的艺术品投资市场，有钱人为什么敢于花几百万甚至上亿美元收藏一件艺术品，直接的原因是这件艺术品能保值、升值。那我们继续追问，为什么一幅毕加索的画，或者一个鸡缸杯能保值、升值呢？难道真的是因为这幅画有多么的"好看"，或者这个瓷杯本身有什么惊人功能吗？显然也不是，现代人可以画出更好看的画，也可以仿制出完全一模一样的瓷杯。任何艺术品实际上都不具备实用性，至少不具备和它们的价格相当的实用性。

那为什么大家又会公认它的收藏价值呢?

因为，任何天价艺术品背后，都有一个独一无二的“故事”，一个所有人都公认的，永远留在人类艺术史上的故事，而这件艺术品是承载这个故事的象征物，且是独一无二的象征物。哪怕有人能仿制出一模一样的，但依然是“赝品”，赝品是不值钱的，因为和真品再像，它也不是真品本身。如果有一天，那件艺术品背后的故事被所有人遗忘了，或者由于某个原因，导致所有人都公认那个故事是假的，那么，那件艺术品也就会瞬间一文不值。

其实，不仅是艺术品，任何可以承载一段故事的事物，都有收藏价值，价值的大小与这个故事在世界的影响力成正比，比如爱因斯坦的手稿、伽利略用过的望远镜等，都是如此。毫无疑问，霍金用过的那把轮椅，如果拿出来拍卖，也一定是百万美元级别的。

现阶段，投资收藏 NFT 背后的逻辑与艺术品收藏投资的逻辑是没有什么区别的。注意，我这里有“现阶段”三个字，至于未来的变化我放到下一小节再说。任何一个拍出天价的 NFT，都是以下这几种原因中的一个或者几个：

它们已经有故事可以讲，比如那幅名为量子的 GIF 图、蒂姆·博纳斯 – 李的源代码。

它们正在变成 NFT 历史上的一个经典故事，比如 Etheria 中的瓷砖、加密朋克的头像。

买家坚信他的购买行为本身就是在创造一个 NFT 历史上的经

典故事，比如毕普尔的那幅画。

这些 NFT 的买家们，是否能如愿以偿，实现保值、升值，取决于两个基本条件：

NFT 这个新生事物是否能有持久的生命力，几十年后，NFT 是否会变成每个人都知道且每个人都离不开的一种东西。

某人买下的那个 NFT 所承载的故事是否能越来越深入人心，家喻户晓。

我们想象一下，假如穿越回 2006 年，我们会发现苹果公司的乔布斯正在画 iPhone 手机的图纸，而诺基亚研发团队也在画下一代手机 N95 的图纸，如果你可以选其中一张设计图的手稿，我想你肯定会毫不犹豫地选择 iPhone 的设计图。因为，这张设计图开创了一个手机新时代。它无疑具有收藏价值和巨大的升值潜力，相比之下，N95 手机的设计手稿的收藏价值就小得多。

那些购买 NFT 的买家，他们坚信今天的 NFT 就好像十多年前的 iPhone，未来能够风靡全球，他们坚信自己的 NFT 所承载的那段故事能在未来历久弥新。但如果我们用上帝视角来看的话，即便未来 NFT 真的成了像手机号一样人人都需要的东西，但人类的记忆也装不下那么多关于 NFT 的创世故事，大多数故事都会被历史尘封，被人遗忘。最终能剩下来的是不多的几个经典故事，而这几个经典故事会越来越值钱。

所以，现在购买 NFT 是一种风险很高的投资行为，最终的结局很可能会像赌博一样赢家通吃，但赢家确实能获得高昂回报。说到底，现在的 NFT 依然是有钱人的游戏，离普通人很远。

我不知道现在哪个 NFT 故事最终能被传诵下去，但我有理由相信，NFT 未来会成为每个人都知道且人人离不开的东西，人们购买 NFT 也会逐渐摆脱现在的收藏和投资目的（尽管这个目的也不会消失），开始挖掘它的实用性。

那么，NFT 在未来到底有一些什么样的实际用处呢？

NFT 的未来应用

理论上来说，NFT 可以应用在任何有必要证明数据所有权的地方。上面这句话是一个总的纲领，具体落实到哪些应用，从业人员也在不断探索中。因此我下面举的所有例子，无一例外都是“有可能”的应用，并不代表一定能实现。这个世界上满足需求的路径和方法往往都不只一种，最终人们会选择哪种解决方案，受到各种因素（包括某些极其偶然的因素）的影响。

每一个数字艺术家恐怕都会有这样的愿望：我创作的作品，每一次被人使用后，我都能拿到授权费。

这个朴素的愿望在目前的技术条件和社会环境中，只能得到非常微小的满足。我们以摄影师为例，通常来说，一个摄影师需要与某个图片分享平台签约，上传自己的作品。然后，图片分享平台再将图片销售给有需要的单位或个人。图片分享平台将收到的授权费按照约定的比例再分给摄影师。整个流程不但烦琐，而且高度依赖所有参与者的诚信，一旦摄影师的作品遭到侵权，索赔的司法成本和难度都很大。

但是，NFT 有望让所有的流程自动化，换句话说，不需要再依赖任何一个参与者的诚信，就能实现数字艺术家的自动获利，当然，这里的“利”指的是某种加密币，而不是法定货币。

刚才举的例子可以扩展到一切以数据形式体现的作品，比如一篇文章、一首歌曲、一段视频，甚至是一个图标。假如未来再出现一个金庸先生，他写的小说全世界的华人都想看。金庸先生可以把他写的每一章小说都铸造成一个 NFT,所有阅读该小说（即购买该 NFT）的人会自动向金庸先生的钱包支付一点加密币，那他很有可能成为新的世界首富。当然，目前的 NFT 协议还做不到这一点，但随着协议的升级、功能的增强，这样的未来是完全有可能出现的。

或许，你现在有很多疑问，想了解更多技术细节和实现的路径。但本文不想展开讨论，因为这个问题过于专业和复杂。我只想告诉你，目前来说，理论上是可行的，但面临的具体技术和非技术方面的挑战也是巨大的。比如，技术方面，现有区块链的运行效率还远远不够，它的高能耗也饱受诟病，区块链技术本身也需要有大的突破；非技术方面，加密币的法律地位问题也还没有形成共识等。

尽管困难重重，但我隐约已经看到了这个大趋势，证据有很多，仅举一例：

2021 年 10 月 26 日，Adobe 公司的首席产品官斯科特・贝尔斯基（Scott Belsky）接受媒体采访时表示自己是一个 NFT 的信仰者，Adobe 公司已经在为 NFT 做准备。这次采访可不是寥寥数语，贝尔斯基用了长篇大论来阐述他们未来会如何利用 NFT“改变创造力（Change Creativity）”。

简而言之，未来的 Photoshop 可以让设计师一键铸造 NFT，至于这个 NFT 后续怎么用，那不是 Adobe 公司单方面能完成的任务，它们只是无数基础建设单位中的一员。

我们的个人数据其实也是一种资产。比如说，我们每个人在互联网上的行动轨迹，实际上是属于我们个人的数据资产。例如，我在抖音上点赞的数据对抖音就很有用，系统可以据此给我画像，进而给我精准地推送广告。这个数据不仅对抖音有用，对任何一个电商平台都有用。但是，现在还没有技术手段可以让我对这些数据确权，抖音从这些数据中的获利跟我没有关系，这是不公平的。我希望，未来 NFT 技术可以解决这个问题，可以让我们对自己的互联网行为数据进行确权，任何人想要使用它们，首先需要得到我们的授权，然后需要跟我分利，这才是公平的。

有些人的个人数据甚至非常值钱，例如一个罕见病患者，他的基因数据就是属于他个人的资产，全世界可能有很多研究机构对他的基因数据感兴趣，并且愿意付费使用。利用 NFT 就可以让患者对自己的基因数据确权，每一个数据使用者都会通过区块链上的智能合约向所有者自动付费。

利用 NFT，还可以将原本不能分割的资产进行分割。比如，如果你拥有一幅毕加索的画，但是，作为一项遗产，它无法被分割，只能作为一个整体让某个继承者继承。或许在未来，你可以用它铸造一个 NFT，这个 NFT 就可以进行分割，因为以太坊最新的 ERC-

1155 协议允许将一个 NFT 进行分割。

看到这里，我想将本小节一开始的那句话再让你读一遍：

> 理论上来说，NFT 可以应用在任何有必要证明数据所有权的地方。

你不妨跟我一起思考一下：NFT 还可以有一些什么意想不到的应用呢？

有一个大趋势几乎是无疑的，那就是，人们的生活会越来越倚重虚拟世界，数据将会变得越来越有价值，或许 NFT 并不是让这些价值变现的唯一解决方案，但至少是目前最有希望的一个解决方案。

NFT 实战教学

在铸造和收藏 NFT 之前，你需要做两项准备工作：一是拥有一个加密币钱包，二是拥有一定数量的加密币（最好是以太币 ETH。）

我们前面介绍过，NFT 的发展历史与以太坊的历史息息相关，所以目前铸造或者交易 NFT 主要是用以太币，因此，我下面以世界上最流行的以太坊加密币钱包 MetaMask 为例，给你讲解如何拥有属于自己的以太币。

MetaMask 这个名字就取得很有寓意，大家知道现在非常火的“元宇宙”，英文就是 metaverse，即 meta 和 universe 的组合。那这个 MetaMask 就可以理解为“元宇宙面具”。这个含义我觉得非常有预言性，因为，未来我们在元宇宙中的唯一标识 ID 很可能就是我们的加密币钱包地址。

你可以在各种智能终端设备，比如电脑（既可以是单独的客户端，也可以是网页或者网页插件）、手机、Pad 等设备上使用 MetaMask，在这里我用大家最熟悉的智能手机举例。

首先，我们需要安装名为 MetaMask 的 App。第一次使用，需

要“创建新钱包”，你可以理解为“注册账号”。

加密币钱包的创建步骤简单到可能会令第一次使用的人不太相信，因为我们已经习惯了用自己的手机号或者邮箱来注册账号。但是，请你记住，在加密币的世界，匿名性是它最大的特征，所以，MetaMask 创建钱包只需要输入密码，其他什么也不需要。

假如你忘记了密码，找 MetaMask 的客服是没用的，他们即便愿意帮你也无能为力，因为 MetaMask 并不会在服务器上存储你的密码信息，密码会被加密保存在你的本地设备上。找回的唯一办法只能是通过下一步创建的“助记词”来恢复钱包，重设密码。

尽管这一步也可以跳过，但我不建议跳过，因为创建一个助记词是有必要的，它的作用就是让你在忘记密码的时候可以恢复钱包。点击开始后，你会得到系统自动创建的一段类似下面这样的助记词：Shallow make load rabbit time feed iesel accuse copper asset murder digital。请将这段助记词用任何你觉得安全的方式保管好，因为这是你恢复钱包的唯一途径。而且，MetaMask 的服务器也不会存储助记词，它是以加密的形式存储在你本地设备上，理论上也没有办法通过解密来还原出助记词。

换句话说，假如你同时忘记了密码和助记词，那么，你的加密币就彻底沉没了，除了求助外星人帮你找回外，地球人是无能为力了。

助记词创建完毕后，你的加密币钱包就创建好了，就是如此简单，不需要手机号、邮箱等任何身份辅助信息。然后，出现的页面就会有你的钱包地址和钱包余额，比如我的钱包地址是：0xA5CD6C

12777a7E1d973E0c83dEB1eB4cf415e841。

这个钱包地址是可以在互联网上公开的，它就代表了你在以太坊上的身份。请记住，谁拥有了这个钱包地址的使用权，谁就拥有了这个钱包地址中的一切虚拟资产,加密币世界是一个匿名的世界，在踏入这个世界之前，请务必牢记这个特点。

加密币的发送、接收、Swap（从一种加密币兑换成另一种加密币）的操作都极其简洁明了，任何人都可以很快学会，我就不再赘述了。这里只需要提醒你一点：发送加密币需要支付 Miner Fees（矿工费），也被称为打包费。也就是说，你需要给某台区块链上的节点计算机支付一定的费用，作为它把你的交易信息写入区块链中的奖励。这就跟银行向你收取的转账手续费类似。

当你拥有了一个加密币钱包和一定数量的以太币之后，进入 NFT 世界的准备工作就完成了。

下面，你需要找一个 NFT 交易平台来铸造或者交易 NFT。现在已经有很多很多这样的平台，启动得最早，也是最流行的一个平台叫 OpenSea，它有点像是 NFT 圈子中的淘宝网，下面我就以 OpenSea 为例来介绍如何铸造自己的 NFT。

OpenSea 的网址是：https://OpenSea.io/。

打开首页，你可以浏览正在出售的 NFT。

进入 OpenSea 的第一步就是要“连接钱包”，换句话说，OpenSea 并不要求你在它的服务器上注册账号，就像我之前说的，这是一个匿名世界，有了钱包就等于有了身份。

使用 MetaMask 接入 OpenSea 必须使用 Chrome、Firefox、

Brave、Edge 这四个浏览器中的一种，不支持 Mac 上自带的 Safari 浏览器，如果你想用 Safari 浏览器连接 OpenSea，推荐安装 Coinbase Wallet。

按照向导装完 MetaMask 的插件后，在手机上打开你的 MetaMask，然后通过扫描二维码就可以连接上 OpenSea，在主菜单上点击“Create”按钮，就进入到 NFT 铸造页面了。

目前，OpenSea 支持将图像、音频、视频和 3D 模型铸造成 NFT，但单个文件的最大尺寸不能超过 100MB。

铸造的过程实际上就是填表的过程，有点像你在淘宝后台添加一件商品。除了 NFT 的名称是必填项之外，其他所有的都是选填或者默认即可。例如，你可以给你的 NFT 填写详细描述、设定一个所属的专辑、链接一个外部的说明网页的网址等。有一个概念需要特别解释一下，就是 Percentage Fee，这个可以理解为“版税”或者“提成”。比如，假如你填写了 10%，就表示，这个 NFT 每次被交易的时候，以太坊系统会自动从成交金额中提取 10% 转到你的钱包中。这个比例你可以自定，当然，你设置得太高，明显不合理的话，可能就会导致你的 NFT 卖不出去。

铸造一个 NFT 是有成本的，你需要向矿工支付“气体费（Gas Fee）”。这个费用是多少呢（你多半希望听到的是一个美元或者人民币的价格）？首先，你需要知道在 NFT 的世界中，所有的结算都是用以太币为计价单位，以太币对美元的市场价是很不稳定的，会有大幅度的波动，因此很难简单地回答你费用是多少。气体费本身在不同的时间段也会有波动，我只能告诉你在 2022 年 1 月份，气体费差不多是 0.015ETH（差不多等于 50 美元）。

过去，ETH 对美元的价格很低时，人们还不觉得气体费贵，但是，随着 ETH 的市场价格不断飙升（2021 年 12 月份曾经一度达到每个 ETH 兑换 4800 多美元，到了 2022 年 1 月份的价格是 4000 美元左右），气体费就显得越来越贵，NFT 的铸造成本也越来越高。于是，越来越多的人选择了一种低廉的解决方案，就是不将 NFT 上到以太坊的主链上，而是上到一个叫 Polygon 的侧链上。

侧链这个概念要解释起来也有点儿复杂，简单来说就是依附于主链生长出来的一个平行的区块链，你可以理解为在以太坊中又发行了一种新的加密币。好处就是新生的侧链加密币（对美元的）市场价格很低，坏处就是销售的时候也只能以价格很低的 Polygon 来结算。

打个比方来说,假如有一样东西我只卖几美分的价格就满意了，但交易手续费居然最低也要 1 美分（因为美元的最低计价单位就是分，没法比 1 分更少了），这时候，我就干脆用韩元来定价了，因为用韩元结算，就相当于可以有低于 1 美分的计价单位了。

所以，如果你铸造 NFT 的目的是把自己的作品上到区块链上存证或者用来送人，那就可以选择用 Polygon 来大大降低铸造成本。在 OpenSea 的帮助中心有如何用 Polygon 铸造 NFT 的详细介绍，我在这里就不赘述了。

铸造好的 NFT 可以存着，也可以挂到 OpenSea 的市场上进行销售，也可以赠送给别人。

不过，绝大多数普通人想在 OpenSea 上出售 NFT 挣到钱，目前来说，我觉得可能性微乎其微。原因如下：

第一，OpenSea 目前还处在很初级的阶段，并不适合陌生人之间的交易。铸造 NFT 的时候，OpenSea 没有能力核实你是不是这个作品的主人。任何人都可以拿任何一幅数字作品铸造成 NFT 挂到 OpenSea 上销售，卖家的身份又是完全匿名的。你想想，换作是你，你敢买陌生人铸造的 NFT 吗？

第二，我之前已经跟大家分析过，现阶段，收藏一个 NFT，实际上就是收藏一段故事。不管这个 NFT 已经有故事还是未来有故事，都行。你不妨问问自己，你铸造的 NFT 能讲出什么样的故事，如果你讲不出故事，只是说“我这个作品很好看，艺术性很高”，这是没用的，没有故事的 NFT 是不值钱的，至少现在是这样。

但如果你能讲出一个好故事，并且能让熟悉你的人相信你的故事，NFT 对你而言就是有用的，你可以用 NFT 来融资。

比如，我就成功地讲了一个故事，并且靠这个故事将一个我亲手铸造的 NFT 以 3 万元人民币的价格卖了出去。现在，我把这个故事给你也讲一遍：

我是职业科普人汪诘，我的理想是创作有国际水准的科学纪录片。我正在以编剧、导演、主持人的三重身份创作科学纪录片《寻秘自然》。2021 年 12 月 23 日，我在上海举办了《寻秘自然》第二季中的一集《探秘寒武纪》的点映会，邀请了一些粉丝前来观影。点映会结束后，我跟观众们说，我计划将影片中出现的一幅油画铸造成 NFT 拍卖，如果你愿意买下来，既是对我梦想的赞助，也买到了一次投资升值的机会。假如未来我的影片大火，在国产的科学纪录片历史上争得一席之地，或者，即便这部影片不火，未来我终于取得了大成功，这个由我亲手铸造的第一个 NFT 将成为我的一段重要故事，因为它见证了一段历史。

就这样，当天晚上，这个 NFT 以 3 万元人民币成交。

于是，我在 OpenSea 上铸造了自己的第一个 NFT，并且将该 NFT 赠送给了买家。同时，我还制作了一张有我亲笔签名的收藏证书，以证明买家收藏的 NFT 确实是由我亲手铸造。

以上这些信息全部永久地保存在了以太坊区块链上,不出意外，这些信息将一直与人类的互联网共存，永不可否认。

我不敢保证我未来一定能成功，但投资本来就是一种风险与收益并存的行为，可以说，这位买家投资的是我的未来，而这个 NFT 就是一件信物，它用技术手段保证了我未来不可能抵赖。

不知道我的故事是否能给你带来启发，如果你是一个自信满满的数字艺术家，或许也可以提前以 NFT 的方式出售自己的作品，但重要的是你会讲故事，你要让别人了解你，并相信你的故事。NFT 其实是你跟买家的一份永远不能撕毁的契约。

不仅是数字艺术家，其实各行各业的创业者都可以用 NFT 来出售自己的故事（未来），当你充分理解了 NFT 的技术原理后，你就可以举一反三，设计属于你自己的独一无二的 NFT。

有些天使投资人或许会担心自己的投资对象背信弃义，成功后不认账。或许，NFT 也可以成为一个解决方案。比如，要求创业者将公司的第一个产品制作成 NFT 赠送给自己，将来这个产品真的改变了世界，该 NFT 的价值就不再以创始人的意志为转移了。

感谢你阅读至此，我知道，这并不是一件轻松的事情。

我在这里再次明确，本文有三个希望影响到读者的观点，总结如下：

告诉普通人，不要轻易投资 NFT。

告诉创业者，要重视 NFT。

告诉有钱人，搞懂了 NFT 后可以试一下，关键是要找到好故事，别弄错了投资逻辑。

好了，抛砖引玉到此，我的任务完成了。

剩下的，交给你和时间。

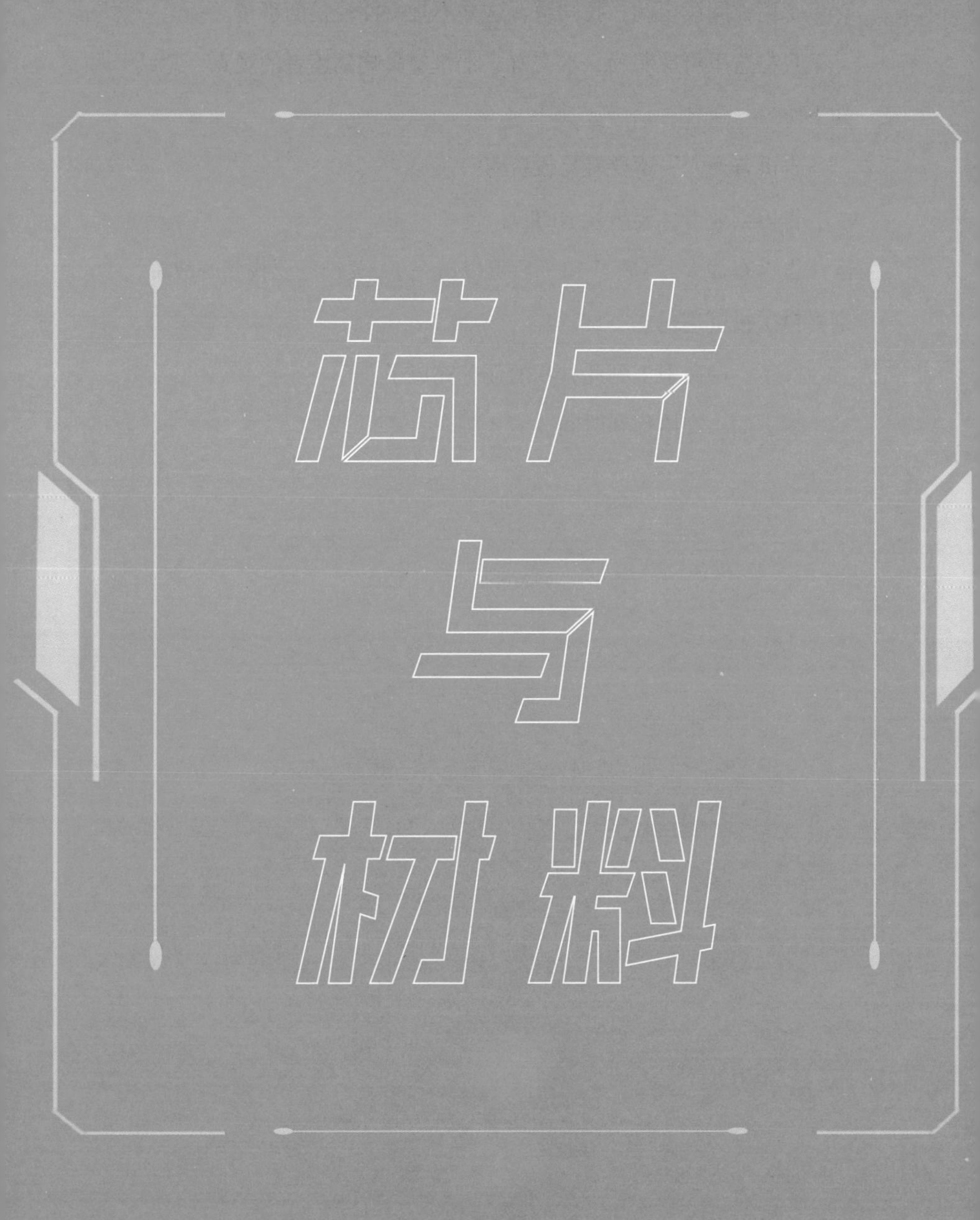
芯片
与
材料

芯片：最能代表人类智慧的科技产品

麒麟 9000

提到芯片这个话题，中国人肯定都记得一个让人刻骨铭心的日子。2020 年 9 月 15 日，美国对华为的出口禁令正式生效。

台积电、联发科、索尼、三星等厂商为华为生产的最后一批芯片，陆续完成交货。受到禁令时间的影响，华为的重要供应商台积电未能完成华为的全部订单，华为在台积电订购的 1500 万块 5 纳米工艺的麒麟 9000 芯片，最终仅交付了 880 万块。

从 28 纳米工艺的麒麟 910 芯片，到 7 纳米工艺的麒麟 990 芯片，麒麟系列芯片在 5 年时间里经历了 8 个版本和 4 次生产工艺的升级，成功地走到了全球芯片设计的最前沿。而最新款的麒麟 9000 芯片，作为全球唯一一款使用 5 纳米工艺，并且集成了 5G 的高端芯片，毫无疑问成了当时最强的安卓手机芯片。

但是，就是这款最强芯片，由于受到出口禁令的影响，首次问世就成了绝唱。据说，麒麟 9000 处理器在设计的时候，最初的名字叫作麒麟 1020，只是麒麟系列芯片中很普通的一员。但是，来

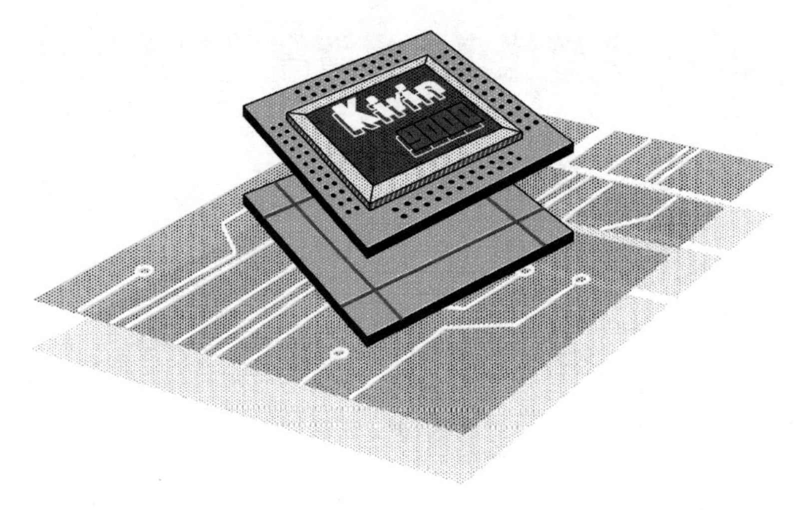

麒麟 9000 芯片

自美国的出口禁令，让麒麟芯片在这里止步。于是，华为将麒麟 1020 直接改名为麒麟 9000。这里的寓意是，从 1000 到 9000 之间的路，华为要靠自己的努力走出来。

麒麟 9000 的故事给中国人留下了一个深刻的印象：芯片制造太难了。我国以举国之力，居然还是会被美国人在芯片制造上卡脖子。当年我们连原子弹都独立自主地搞出来了，为什么一块小小的芯片就是搞不定呢？中国的芯片之痛到底有没有解药？未来的芯片发展将会走向何方？

芯片的原理

想要对这些问题有所了解，我必须先讲讲芯片的技术原理。

或许很多人会觉得芯片最擅长的是做“1+1=2”这样的数值运算，其实不然。支撑芯片底层的数学原理是逻辑运算，而不是数值运算。即便是一个最简单的“1+1”，芯片也不是天然就会计算，这需要通过设计相应的逻辑电路来实现。

数值运算的应用面很窄，除了计算本身，做不了其他的事情，但是逻辑运算用处可就太大了。我们现在看到的芯片，几乎可以做任何事情。近到身份证里的信息识别，远到已经飞出太阳系的旅行者 1 号探测器上的控制系统，我们能想到的几乎所有问题，用芯片都可以解决。人类现在正在努力地用芯片构造起一个虚拟的数字世界，这就是逻辑运算的威力。而逻辑运算依赖的是二进制数。

最早看到二进制数潜力的是数学家莱布尼茨。莱布尼茨对于二进制数的普遍性和简洁性赞叹不已，他在自己的手稿里写道：“1 与 0，是一切数字的神奇渊源。”莱布尼茨认为，所有的逻辑推理，都可以被描述成严谨的数学运算，而二进制就是描述这些逻辑的数学语言。

但是，莱布尼茨的研究成果在当时并没有得到重视。巴黎皇家学会就拒绝了莱布尼茨关于二进制的论文，拒绝的理由是，看不出二进制到底有什么用处。

一直到 1937 年，一名 21 岁的年轻人，在他的硕士论文里，阐述了使用开关电路来执行逻辑功能的方法，后来，这篇论文被称为“有史以来最重要的硕士论文”。这位年轻人也成了“信息时代之父”，他就是克劳德·香农。

在香农之前，人们知道布尔代数，也知道开关电路的原理，但只有香农明确指出了二者之间的联系。香农还进一步证明，利用开关电路也能逆向解决布尔代数问题。有了香农的理论作为基础，任何能够呈现出“开”和“关”两种状态的元器件，经过设计和组合之后，都可以用来表达任意的逻辑。

这正是芯片制造的理论基础。

有了这个理论基础，我们就知道，用任何有开关结构的元器件都是可以制造芯片的。我们可以拿水龙头来举个直观的例子。水龙头拧紧的时候，水流不过去，就可以代表0，也就是“关”的状态；把水龙头打开，水流过去了，就可以代表1。如果把大量的水龙头通过各种管道连接在一起,也可以完成与芯片一样复杂的计算工作。

最早的时候，我们使用笨重的继电器来制造计算机。现在，我们的手机里已经用上了5纳米工艺的顶级芯片。但是，如果把这些顶级芯片放大来看，里面的逻辑电路与那些笨重的继电器计算机的电路，并没有什么本质的不同。

这么多年来,我们所做的事情就是不断地把这些电路做得更小。在芯片制造领域，我们经常说的14纳米、7纳米和5纳米，指的就是制造芯片时的工艺水平。在同样大小的面积上，装下更多的逻辑电路，这就是我们的目标。

说到这里你可能会问，为什么非要把芯片做到那么小、那么密集呢？我们可不可以干脆把芯片做得大一些，这样就用不着那么高级的光刻机，同时还能把更加复杂的逻辑电路设计进去，这不是一举多得的事儿吗？

这个想法挺好，但是遗憾的是，这么做不可行。

我们还拿水龙头芯片来举例子。首先,水龙头“开”或者“关”,这需要时间。水龙头做得越小，当水龙头这个开关打开或者关闭的时候，0 和 1 的状态切换得也就越快。如果水龙头的个头很大，那么打开水龙头之后，水就需要用比较长的时间才能从阀门流过去。另外，如果水龙头能够造得很小，那么连接水龙头的管道也会相应地变短,这也就进一步降低了计算反应的时间。电路中的电子流动,也是需要时间的，元器件越大，计算速度也就越慢。

把元器件的密度提高，不仅能够提高运算速度，还能降低芯片的功耗。想想看，很细的水管加上小号的水龙头，与很粗的水管加上大号的水龙头，哪个消耗的水更多呢？把水换成电也是一样的道理。而且，如果我们把芯片造得很大，也会浪费更多的原材料，也就是晶圆，这在成本上是很不划算的做法。在国防军事方面使用的芯片对成本不太敏感，但是如果应用在商业上，芯片越小，同样的晶圆，就可以切出更多的芯片。同样运算能力的芯片，做得越小，生产成本就越低。

英特尔的创始人之一戈登·摩尔曾经预言，芯片上可以容纳的晶体管数量，大约每经过 18 个月就增加一倍，芯片的性能也增加一倍，这就是著名的摩尔定律。如果把一个元器件的尺寸缩小到原来的 70%，比如从 7 纳米缩小到 5 纳米，那么这个元器件的面积就缩小到原来的 51%，也就是差不多二分之一。因此，5 纳米的下一个目标就是小于 3.5 纳米。通过制造工艺的升级，把尺寸缩小到原来的 70% 这件事情，在芯片产业发展的早期，是可以做到的，这也是摩尔定律成立的基础。

但是，只要凭借经验我们就能知道，把元器件持续缩小，这肯定是不可持续的。目前，台积电的5纳米芯片代表着人类芯片制造的最高水平。在低于5纳米的尺度下，量子隧穿效应就会逐渐显现出来。量子隧穿效应的宏观表现，就是漏电。明明开关是关着的，但是电子却能够跑过去，应该显示0的地方，却会错误地显示出1来。目前，比较可行的技术，叫作环绕栅晶体管。我们把阻挡电子通过的元件，叫作栅极。栅极做得越严密，就越能够有效地阻止漏电的发生。这个技术是3纳米以下技术节点的必经之路，也是台积电和三星公司激烈争夺的技术焦点。它们两家公司差不多也都在2022年下半年宣布3纳米芯片开始量产。

目前科学家认为，环绕栅晶体管技术的理论极限是1纳米。我们虽然顺利实现3纳米的芯片制造工艺，但是2纳米和1纳米的工艺，就存在着很多不确定的因素。现在谁也不知道人类能不能把芯片的尺度做到3纳米以下，这里面很可能存在无法突破的瓶颈。

芯片该怎么制造呢？

芯片该怎么制造呢？或许很多人都知道制造芯片需要用到光刻机，顾名思义，就是用激光在硅片上刻上电路。其实，真实情况比你想象的要复杂得多。光刻仅仅是芯片制造过程中的一个重要的环节而已。除了光刻，还有蚀刻、离子注入、热氧化、气相沉淀、退火、分子束外延等很多种工艺流程。每一种工艺流程，都需要在纳米级的精度下操作才行。

咱们还拿 5 纳米的加工工艺来举例，这种工艺需要 80 多块光刻掩膜版，经历 4000 多个步骤，而且每一步都需要超高的准确性和稳定性，这样才能生产出合格的芯片来。

真实的芯片制造过程与 3D 打印比较相似。最终完成的芯片，并不是刻在晶圆上的平面作品，它上面的元器件有着明确的立体结构。比如说，在芯片上制造一个晶体管出来，就需要经历下面这些步骤：

第一步，用掩膜版遮住不需要光刻的区域后进行光刻。

第二步，用离子注入技术，在刚刚通过激光刻掉保护层的位置注入磷原子，制造出 N 型半导体。

第三步，用干蚀刻技术，把将来需要注入硼原子的位置刻出来。

第四步，用热处理的方法，在硅片表层形成一层薄薄的二氧化硅。

第五步，用分子束外延技术，让二氧化硅薄膜层外面长出一层多晶硅。

第六步，结合湿蚀刻技术、光刻技术和掩膜版反复操作，制作出精细的结构。

你可别以为做出精细结构就结束了，后面还有化学气相沉淀、物理气相沉淀。光刻、蚀刻等方法还会反复用上很多遍，最终才能完成这样一个最基础的晶体管的制造。要知道，一个芯片里，有几十亿甚至上百亿个晶体管。

芯片制造过程中的每一种工艺，都对精确度有着极高的要求，任何一个工艺不过关，都没办法生产出合格的芯片。而且，每一种工艺的精确度，都是在实践中一点一滴地摸索出来的，想要生产芯片，不仅仅需要投入资金，更需要投入足够的时间。

我可以拿学习数学的过程来给你打个比方。一名小学一年级的学生，如果直接给他讲微积分，无论你讲得多么有技巧，小学生也是没办法理解的。因为数学知识是向下依赖、环环相扣的，如果前面的知识没学扎实，后面的知识就怎么也学不会。

芯片制造差不多也是这样，如果我们还没有搞定10纳米芯片的生产，那么就很难攻克5纳米的生产工艺。这正是芯片制造不同于修路造桥和制造盾构机的地方。

我们的机会在哪里？

目前，在生产光刻机的厂家中，荷兰的ASML公司一家独大。ASML之所以能够一家独大，并不是因为这家公司有多么领先，而是全球化协作的结果。即便是Intel公司这样的巨头，也不可能在设计、生产过程中的所有领域都做到世界第一。

ASML公司的高端光刻机中，包含着超过10万个零部件。其中90%的零部件，都是要依靠进口的。我国作为制造业大国，当然也承担了一部分零部件的生产工作。不过，在ASML最核心的17家供应商中，有4家中国台湾企业，3家日本企业，1家德国企业，剩下的都是美国企业。显然，对于大陆地区的企业来说，在光刻机最核心的部件上，还缺乏足够的竞争力。这才是美国有机会卡我们脖子的原因。而我们刚才提到的美国以外的核心供应商中，只要有一家和我们结成战略盟友关系，签订类似同攻同守的协议，那么ASML也不敢对我们禁售。遗憾的是，我们现在没有。

因此，在光刻机这个领域，其实我们并不需要从头到尾自己完整地掌握制造技术，事实上也不太可能。我们只需要在一些核心部件的制造技术上有所突破，让下一代光刻机离不开中国供应商的关键技术，那么，我们就能加入国际协作，摆脱被卡脖子的命运。

虽然，我们已经不可能通过每18个月把芯片上晶体管的数量增加一倍的办法，来提高芯片的性能，但是，仍然有很多已经被证明可行的办法，让芯片的性能持续提升。这也是我国可以寻求重点突破的地方。

比如说，新型的环绕栅晶体管，它的晶体管在芯片上的结构直接由原来的纵向结构变成了横向结构。这就避免了晶体管两极与基底的接触，进一步降低了元器件尺寸缩小后发生漏电的可能性。3纳米芯片架构，就是采用了这种环绕栅晶体管技术。

再比如，我们还可以在设计层面，自上而下地提升芯片的性能。下面就拿华为麒麟9000芯片为例，说说如何从设计层面让芯片变强。

麒麟9000芯片是2020年10月22日发布的，用的是最先进的5纳米工艺。它光是CPU就有多达8个核心，GPU有24个核心，还有一个双核的NPU。这个NPU的全称是嵌入式神经网络处理器，特别擅长处理视频、图像和各种多媒体类的数据。比如从视频里识别出一个演员来，用 NPU 来处理就特别合适。

所以，麒麟 9000 芯片已经不仅仅是一个芯片了，它是由一系列的芯片组成的一个很复杂的信息处理系统。这种方案的名字就叫作 SoC，也就是系统级芯片的意思。华为是第一家把 NPU 整合到 SoC 当中的芯片设计公司，目前华为也是人工智能芯片设计的领跑者。

随着芯片在物理层可挖掘的空间越来越小，芯片设计在产业中所占的比重也在越来越高。令人兴奋的是，华为在芯片设计领域，已经追平了第一梯队的发达国家，甚至在某些方面，我们还有所领先。

从麒麟 9000 这样的顶尖芯片就可以看出，提升芯片性能的关键，其实是从通用芯片到专用芯片的转变。在麒麟 9000 中，通用芯片，也就是 CPU，有 8 个核心。但是，专用芯片 GPU 和 NPU，加在一起有多达 26 个核心。这充分说明，芯片底层的逻辑电路在解决不同问题的时候，性能差异是极其巨大的。面对特定的任务，专用水平越高，效率也就越高。

我们拿修路这件事来打个比方。通用芯片，也就是 CPU，就好像是一个一个的工人。工人什么都能干，可以挖坑，可以搬运，还可以把路面夯实。但是，比起专用的机器来，工人的效率就太低了。论挖坑，工人比不了挖掘机；论搬运，工人比不了吊车卡车；论夯实路面，工人比不了压路机。挖掘机、吊车比人拉肩扛提高了多少效率，这是不言而喻的。

GPU 和 NPU 这些专用芯片，就是为了手机中大量的图形、图像、视频和人工智能算法等专用任务而设计的。它们处理这类专用任务的速度，比 CPU 要快数千倍之多，而 CPU 只要做好进程的调度工作就好了。

芯片产业技术的奇点是什么？

专用化，这是未来芯片最重要的发展趋势。只要某种算法的应用场景足够多，我们就可以为这种算法专门设计一种芯片，从而大幅度地提升芯片的性能。GPU 和 NPU 这类芯片，在未来只能算是半通用的芯片。因为，它们虽然处理了它们擅长处理的数据，但是并没有对特定的算法进行优化，如果进一步专用化，它们的性能还能得到较大的提升。

当然，让台积电这样的芯片制造公司小批量地生产专用芯片，这显然是不现实的事情。所以，可以大胆地猜想，未来的芯片市场，很可能会出现进一步的分工。台积电这样的生产企业，会专注于生产一种可以二次架构的芯片，这些芯片将被华为、海思这样的企业进一步整合，根据实际需要进行烧录，变成性能强大的专用芯片。最后再组合成 SoC 系统，提供给市场使用。

可以二次架构的芯片，很可能就是芯片产业的技术奇点。生产型的企业可以把精力专注于芯片的底层元器件，把晶体管的尺寸降到更低，努力挑战芯片的物理极限，而设计型的企业则可以结合算法，专注于专用芯片的设计和生产，通过专用芯片来进一步挖掘芯片的性能。

万物皆可芯片?

我们不妨畅想一下，一旦可二次架构的芯片技术被突破，会对芯片产业和我们的生活产生哪些影响呢?

首先，芯片的生产变得超大规模化。

台积电这类生产企业的角色逐渐向生产商下沉，它们不再关心芯片的用途和功能，它们唯一关心的，就是如何才能生产出能耗更低、性能更强，而且价格更便宜的芯片产品。由于无需考虑设计需求，随着元器件的尺寸逐渐逼近物理极限，芯片的价格也会变得极为便宜。

其次，芯片设计公司将由算法公司逐渐主导。

为算法而设计，才能更好地发挥出芯片的硬件资源的优势。芯片设计领域将会变得百花齐放，不同的需求将会打破现在的巨头垄断式的模式，让更多优秀的设计公司加入产业链当中来，形成更大规模的国际合作，卡脖子这类事情，在奇点到来之后就再也不会发生了。

与超级高铁、太空旅游这样的技术相比，芯片的大发展可能不会像你期待的那样轰轰烈烈。芯片会在你身边静悄悄地用“智能化”替换“自动化”。

你的电水壶可能会帮你把水温控制在一个范围里，它的原理就是在温度低于设定温度的时候烧水，温度高于设定温度的时候关闭，

这叫作自动化。而安装了芯片的水壶，则不会在简单的烧水和停火之间切换，它会细致地控制加热，真的帮你把水温恒定在你设定的温度上，这叫作智能化。

卫生间里的水龙头，依靠一个传感器和一个电磁阀门，就实现了在你伸手的时候出水，离开的时候关闭，这叫作自动化。而安装了芯片的水龙头，能对水龙头附近的物品进行判断，让你不会遭遇在洗手过程中水龙头突然断水的尴尬局面，这叫作智能化。

芯片奇点到来后的趋势

在芯片的奇点到来之后，芯片的应用可能会出现两大趋势。

趋势一：人们会努力寻找各种各样还没有装上芯片的事物，然后给它们装上芯片。比如说，我们的碗筷、衣帽当中都可能装上芯片。这些芯片不仅可以取代可穿戴设备，了解你的健康状况，更能帮助你适时调整服装的温度，确保你总是处于最舒适的温度之中。

趋势二：芯片的职能，从记录信息、上传汇总，逐渐向着独立决策的方向发展。我们拿十字路口的摄像头来举个例子，现在的摄像头只会在车辆临近的时候拍下照片，然后传给交通控制中心，摄像头自己并不知道拍到了什么。而安装了芯片的摄像头，则可以实时监控路口状况，自主解决交通拥堵，并且把有价值的信息分门别类地转交给交通控制中心存档。

在前面的章节里，我曾经提到过 5G 通信的普及将会对物联网产生带动作用。而物联网并不是把传感器接入互联网并且上传数据那么简单。物联网设备必须有能力独立地处理收集到的信息，并且独立决策，而支持这一切的物理基础，正是强大而且廉价的芯片。

未来很可能会出现一个名叫“芯片设计师”的职业，这个职业可不是指有能力设计出麒麟9000的科学家，他们就是类似于程序员一样的普通工程师。芯片设计的技术门槛将会不断降低，同时，各个企业对专用芯片设计的需求则会越来越大。

芯片就像是一扇连接着物质世界和数字世界的大门，它的一面是传统的、可感知的，而另一面则是数字的、可计算的。在芯片的帮助下，我们每一个人正在逐渐成为一个横跨物质世界和数字世界的新物种，而且，我们属于数字世界的那部分，正在变得越来越多。

量子计算机将如何影响我们的未来？

2020 年 12 月 3 日，《自然》杂志刊登了一则重磅新闻：中国科技大学潘建伟院士的团队宣布，由 76 个光量子比特构建的量子计算机“九章”，在面对“高斯玻色采样”算法时，只需要 200 秒，就解决了世界最快的超级计算机需要花 6 亿年才能解决的问题，成了世界上运算速度最快的量子计算机。这是一个振奋人心的好消息。但是，大多数人在激动之余，却怎么也弄不明白“高斯玻色采样”到底是什么。

如果用最粗浅的语言解释，高斯玻色采样就像是一个高尔顿板。小球向下滚落的过程中会随机地向左或者向右滚落，最后掉到下面的某个格子里。如果把小球换成光子，想要求解一个光子进入干涉仪后，在特定出口上的分布概率，就叫作“高斯玻色采样”。

这是一个专门为“九章”量子计算机定制的问题，计算这个问题的意义，就是为了证明量子计算机在特定问题上全面超越了经典计算机，实现了量子霸权。

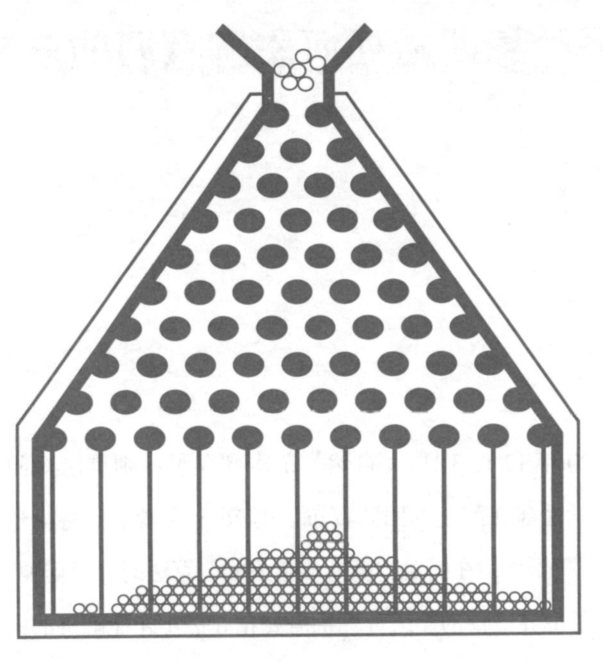

玻色采样概念模型

量子霸权

量子霸权的意思是，在某一个特定的计算问题上，量子计算机在计算速度上对经典计算机实现了碾压式的超越，所以，更好的译法应该是“量子计算优势”。不过,就像为“九章”量身定做的“高斯玻色采样”问题一样，这个特定的计算问题可以是特别设计出来的，不需要考虑实用价值。

无独有偶，就在“九章”量子计算机的新闻发布 3 个月前，在

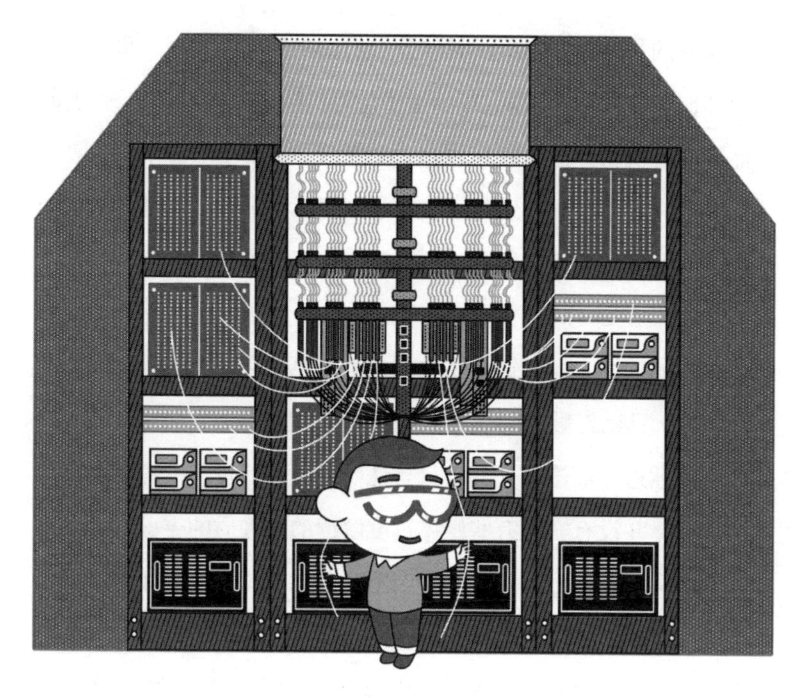

量子计算机

《科学》杂志上，也发表了一则关于量子计算机的大新闻。新闻中的量子计算机来自谷歌公司。

谷歌公司的这篇论文里说，他们成功地用 12 个量子比特，模拟了二氮烯这种物质的异构化反应。这个研究成果比起“九章”计算机的“高斯玻色采样”看起来更有现实意义。因为有机物质空间结构的模拟，那是出了名的计算量大、计算难度高。这几乎就是量子计算机得天独厚的领域。于是，就有一些新闻媒体作出了大胆的解读和猜测：能模拟有机物，那是不是很快就能模拟蛋白质了？是不是阿尔兹海默病、帕金森症等疾病，很快就能攻克了？

遗憾的是，在仔细看了谷歌公司的论文后就能发现，事情并没有媒体们猜测的那么乐观。谷歌量子计算机模拟的二氮烯这种物质，虽然算是有机物，但是它只包含 2 个氮原子和 2 个氢原子，也就是说，它只有 4 个原子。这与解决阿尔兹海默病那种高度复杂的蛋白质折叠问题相比，就好像是一块砖和一栋摩天大楼的差距。

其实早在 2017 年，IBM 公司就利用 7 个量子比特，模拟了氢化铍分子的特性。氢化铍分子中有 2 个氢原子和 1 个铍原子，总共 3 个原子，只比谷歌公司这一次模拟的二氮烯少了一个原子而已。所以，谷歌这一篇论文，其实只是证明了他们的量子计算机的实用价值而已，并没有实现有些媒体过度解读的那种质的突破。

IBM 模拟氢化铍用了 7 个量子比特，谷歌模拟二氮烯用了 12 个量子比特。这就引起了大家的疑问，谷歌的量子计算机总共有 53 个量子比特，如果把 53 个量子比特全部用于计算，是不是就能模拟更复杂的化合物了呢？为什么谷歌的量子计算机只有 53 个量子比特，而“九章”也只有 76 个量子比特，让量子比特增加，到底难度在哪里呢？

量子计算与经典计算的不同

想要弄明白这些问题，我们有必要从量子计算与经典计算的不同开始说起。

可能有人觉得，电子计算机和量子计算机，只相差一个字，应该一个用电子做计算，另一个则是用量子做计算，其实，这个理解是错误的。电子计算机里的电子，指的并不是真正的电子，它指的是电子电路。虽然我们已经把计算机芯片的尺度缩小到了纳米级别，但是，这些电路依然与墙上的那些开关一样，是完全可控的。

而量子计算机里负责计算的元件可不是开关，那些都是真正的微观粒子。它们就像量子物理中描述的一样，没有确定的状态，我们只能用概率来解释它们的行为。

幼儿园小朋友算算数时，用的是掰手指头的方法。掰手指头算算数，虽然又原始又缓慢，但它与银河超级计算机的本质一样，都属于经典计算的范畴。虽然芯片中的每一个晶体管已经做得比病毒还要小，但是，这些晶体管依然是完全受控的，它们与手指头一样，都是受经典物理学定律指挥的。

与经典计算相对的就是量子计算。你可能听说过量子力学中的叠加态、测不准原理和量子纠缠这些奇怪的特性吧，量子计算机真的就是利用了量子力学的这些奇怪特性而设计出来的。

为了让你能理解量子计算的独特之处，我需要举几个高度简化的例子：

现在请你用一只手来拿书，把另一只手腾出来，跟着我做一个小游戏。现在请你想一个 1 到 10 之间的数字，然后用一只手表示出来。你可以用 5 根手指头表示出 1 到 5，然后用拇指和小指一起伸出来表示 6，拇指和食指一起可以表示 8，如果表示 10，那就攥紧拳头就行。

那么，请你告诉我，你用一只手每一次能表达多少个数字呢？你肯定觉得，这根本不是一个问题，一只手每次当然只能表达一个数字呗。没错，一只手在同一时间只能表达一个数字，这就是经典计算机存储数据的根本规律。计算机比我们的手指头更快，但它的一个比特位，仍然只能存储一个二进制数。

但是，如果换成量子计算机，那表达数字的方式立即就被颠覆了。现在，请把你刚刚用来表示数字的那只手揣在兜里，先别着急拿出来，听我的问题。我要问你，你揣在兜里的这只手，如果伸出来之后，有可能表达出多少种数字呢？答案是 10 种可能。但是，在你真正把手伸出来表示一个数字之前，你的手会比出哪个数字仍然是不确定的，这正是量子计算机的存储单元——量子比特的存储方式。它存储的不是具体的数据，而是所有可能出现的数据的出现概率。你也可以理解为，你揣在兜里的这只手，具有某种不确定性，所有你可以用这只手表达的数字，全部都叠加在一起了。你只用了一只手，就存储了 10 个不同的数字，每个数字出现的概率都是10%。

如果你觉得，同时存储 10 个数字，算不上什么神奇的事情，那是因为我们的一只手只有 5 根手指，而且编码的方式也不够好。如果我们用二进制来表示数字，5 根手指就能同时存储 32 个数字。如果同时用两只手，那就可以同时存储 1024 个数字，这就是量子比特的威力所在。同样是 10 根手指，使用叠加态让存储能力提升了足足 1000 倍，但它们使用的硬件资源却是完全一样的。

不仅如此，以后每增加一个量子比特，存储能力就能再提升一倍。按照这个规律增加下去，用不了多久，我们可以同时存储的数字总量，就比全宇宙的原子数还要多。

量子计算机的并行计算

上面说的只是存储问题，光有超大的存储能力，还不能完全体现出量子计算机的强大来。我们再说说，量子计算机是怎么进行并行计算的。

任何一次计算，都是把已知条件代入公式，然后通过计算得到结果。经典计算机上的已知条件，就是一个一个的确定的数字。把确定的数字代入公式，当然也只能得到确定的结果。一次计算，得到一个结果，这就是经典计算机的计算模式。

我再给你打个比方，有一个黑盒子，左边伸出 1024 根电线头，右边也伸出 1024 根电线头。现在我告诉你，其实只有一根电线是连通的，请问，你该如何找到这根连通的电线呢？如果使用经典计算机，我们只能一个一个地尝试。左边的 1 号线头和右边的 1 号线头试试，如果不行，就用左边的 1 号线头和右边的 2 号线头再试……直到找到答案为止。这种方法，最不幸的结果，就是可能要尝试 1024×1024 次，也就是大约 100 万次才能找到答案。

如果用量子计算机解决这个问题，就简单多了。刚刚我们说过，量子比特的存储，所有可能的数字都是叠加在一起存储的。那么从 1 到 1024，其实就只是一组量子比特而已。也就是说，只需要一次计算，量子计算机就同时把所有的可能都考虑进去了，它可以一次性地找到那根连通的电线。量子计算机通过并行计算，实现了 100 万倍的效率提升。

超级强大的存储能力，加上只需要算一遍，就能得到全部结果的并行处理能力，以及每增加一个量子比特，能力就能增加一倍的神奇特性，让全世界都对量子计算机有着强烈的期待。

量子计算的瓶颈

然而理想很丰满，现实却很骨感。量子计算机的这些超能力，全部都建立在量子效应的基础上。量子效应最可怕的一件事情，就叫作波函数坍缩。

还记得被薛定谔关在封闭盒子里的那只可怜的猫吗？这只猫之所以能够处于生与死的叠加态，正是因为盒子与外界是完全隔绝的。任何测量，都能把这只量子猫一瞬间打回原形，让它呈现出要么活着，要么死了的平凡状态。

量子计算机的量子比特也存在这种问题。只要有一点点的风吹草动，这些量子比特就会立即坍缩成一个确定的状态。哪怕一组量子比特中装着海量的数据，只要你一测量，这些数据都会立即化为乌有，坍缩成一个具体的数字。

更过分的是，即便是计算结果，你都是没办法直接读出来的。比如，我们用量子计算机来计算抛出硬币正面和背面出现的概率。量子计算机计算得出了 50% 这个结论，但是，这个结论却没办法输出出来。因为我们只要尝试读出结果，就会导致波函数坍缩。结果也就从正确的 50%，变成了不是 1 就是 0 的确定答案了。

科学家们为了获得计算结果，竟然要把同一个计算重复上万遍，然后再把这上万个具体的 0 或者 1 统计一遍，才能重新得出 50%

这个计算结果。

另外一个严重影响量子计算的因素是量子比特很难保持住量子纠缠的状态。量子纠缠状态又被称为相干性。一组纠缠在一起的量子中，只要有一个受到干扰，那么整组量子就会一起失去相干性，这种现象叫作退相干。相干性可以把量子比特的状态互相绑定在一起，这是实现量子算法的物理基础，而退相干则会让量子算法彻底失效。

2020 年 7 月 20 日，日本东北大学和悉尼新南威尔士大学的一项联合研究，把量子比特维持量子态或相干性的时间延长到了 10 毫秒。这个成绩比以前的最好成绩，足足提高了 10000 倍。

现在你应该大致了解了，谷歌公司是在何等艰苦的条件下完成了对二氮烯分子的模拟了吧。他们必须在千分之几毫秒的时间内，把二氮烯的演化算法重复上万遍。而且，他们必须用大量冗余的量子比特来处理信息，以防某一个量子比特因为波函数坍缩而失去计算能力。这就是 53 个量子比特的量子计算机只能拿出 12 个有效的量子比特来进行计算的真正原因。

量子计算机的设计难度

很多人喜欢拿经典计算机的摩尔定律来套量子计算机。他们以为去年制造出了 53 个量子比特的量子计算机，今年就可以把指标提高到 106 个量子比特，后年就应该是 212 个量子比特。其实，大部分人都低估了量子计算机的设计难度。

经典计算机的芯片之所以符合摩尔定律，是因为制造芯片的技

术储备已经成熟，只差技术细节的积累和突破。但是量子计算机的处境却完全不一样。我们只是确认了量子计算机的设计理论正确无误，但是却没能确定量子计算机该走什么样的技术路线。

我用经典计算机来打个比方。这就好比我们已经知道制造计算机是可行的，但是还没发明出电子管和晶体管来，这时候，到底用哪种机械装置来实现计算机的组装，就是一个大问题了。现在量子计算机所处的阶段，大概就相当于发明了手摇加法器的年代。

你还真别觉得夸张，现在至少有 20 种不同的量子计算机制造方案，每一种方案都在某一个方向上具有一点独特的优势。

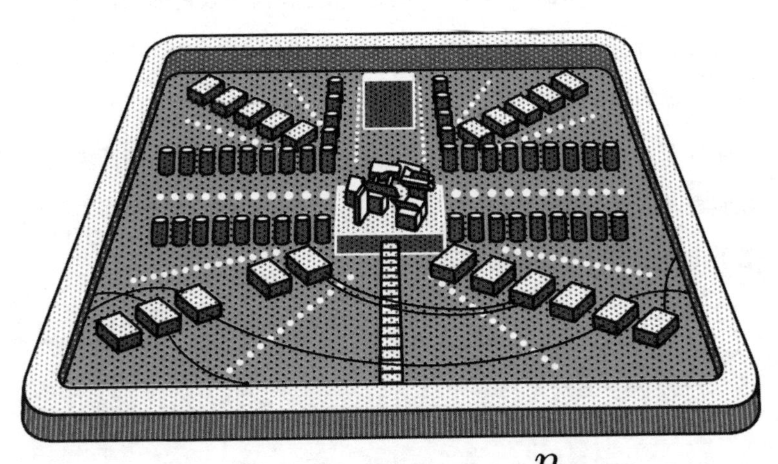

$$\mathrm{perm}(A) = \sum_{\sigma \in S_n} \prod_{i=1}^{n} a_{i,\sigma(i)}$$

“九章”量子计算机

比如，通过小型超导电路制造的超导量子计算机，有着比较容易创建量子比特的优势。现在谷歌和IBM用的都是这个方案。但是，超导量子计算机也有明显的劣势，那就是必须要维持一个低温超导环境，才能够顺利地运行。而且，这些量子比特也比较容易受到噪声的干扰。

微软公司比较热衷于制造拓扑量子计算机，根据这项技术的数学理论，这种技术方案可以有效地抵抗外界噪声，延缓坍缩和退相干的发生。不过，这项研究目前仍然处在数学阶段，还没有真实的计算机造出来。2022年3月，微软发布消息，他们的最新研究成果证实了拓扑量子比特从理论上是可行的。

除此以外，还有依靠电磁场控制带电离子的离子阱量子计算机、依靠光学设备控制光子的光量子计算机。而光量子计算机正是设计“九章”量子计算机的潘建伟院士的团队青睐的方案。每一种设计方案，都有自己独特的优点，目前，还没有任何一种方案，能够力压群雄，最终胜出。

2019—2021年，中国在量子计算机和通信领域共投资了110亿美元，欧洲投资了50亿美元，美国投资了30亿美元，英国则投资了18亿美元。但是，很显然，在一个具体的技术方向确定之前，这些巨额的投资被各种各样不同的方案分散了。

目前看来，虽然“九章”量子计算机展现出了最快的理论运算速度，而谷歌和IBM走的都是超导量子计算机的路线，但我们仍然不能肯定，光量子计算机或者超导量子计算机就是更优秀的解决方案。目前，每一种技术路线都面临着自己独有的技术瓶颈，即便是现在默默无闻的方案，将来也有可能会异军突起。

宇宙射线或将锁死量子计算机的未来

麻省理工学院的一项研究表示，噪声干扰导致的量子比特退相干问题，很可能成为当前量子计算机技术发展的天花板。麻省理工学院林肯实验室的研究员奥利弗教授说："在过去的 20 年里，我们就像剥洋葱一样，把引起量子比特退相干的因素一个一个地解决掉。到现在，除了周围的环境辐射以外，已经没有太多的事情可以做了。"

为了减少周围的环境辐射，研究小组甚至把 2 吨重的铅块做成了防辐射墙。他们不断地升起和降下这堵铅做的墙，来测定环境辐射对量子比特退相干的影响。

最后，他们的结论是，这些措施有效地阻挡了来自周围环境的辐射，但是却挡不住无处不在的宇宙射线。宇宙射线已经成为阻碍量子计算机进一步发展的天花板。他们没有想到，那些极其微弱的辐射竟然对量子比特的稳定性起到了严重的破坏作用。现在，科学家们要么带着设备躲到 1000 米深的地底下去，要么就必须研发出有效的能够抵抗宇宙射线干扰的元器件。

人类的量子计算机技术竟然被宇宙射线锁死了。

突破量子计算机的技术奇点

虽然不同的技术路线必然会有不同的技术方案，但是，解决退相干问题，大幅度增加量子比特的稳定性，这很可能就是我们要寻找的那个技术奇点。只要这个奇点被突破，量子计算机就有可能取得爆发式发展。

刚刚突破奇点的量子计算机并不一定非常强大，它们可能仍然只具备几十个可控量子比特，但是，这些计算机的稳定性得到了大幅度的提高。这些量子计算机会被接入到互联网中，为公众提供比较稳定的量子计算云服务。

这时候的量子计算机由于量子比特不够多，仍然无法运行肖尔算法这样的复杂算法，我们的密码也不会遭遇挑战。但是，全世界已经嗅到了危险的信号，世界正处在量子计算革命的前夜。很快，多种符合量子计算时代的安全密码将被开发出来，全世界的软件都开始了一轮基于密码学的版本大升级。

全世界的工程师都在尝试发明新的量子算法。一些专用算法被用在专门建造的量子计算机上，另外一些算法则需要等待量子计算机变得更强后才能运行起来。最有意思的是，这个阶段很可能产生一种帮助优化和设计量子计算机的算法，这让量子计算机成了设计更好的量子计算机的驱动力。这些算法能够帮助我们把量子计算机设计得更好，量子计算机的发展开始了加速。

由于技术的发展，原本必须工作在接近绝对零度环境中的量子计算机，可以工作在 4K（相当于零下 269 摄氏度），甚至更高的温度下。于是，人类开始利用太空的低温环境，在太空建造大型的量子计算机。原来为了维持超导环境而耗能巨大的量子计算机，到了太空之后，使用成本一下子就降下来了，很快，量子计算成为一项普遍的公众服务。凡是适合量子计算机解决的问题都会被拿去用量子计算机来解决，人类对计算的需求一下子被释放了出来。

人工智能或将迎来全新时代

全世界的信息化也会达到前所未有的水平，充沛的算力会帮助人类处理掉物联网收集到的全部信息。在量子计算的帮助下，人工智能的训练将达到前所未有的高度。无论我们是否能破解人类意识的秘密，仅凭借模式识别的不断优化，我们就能制造出非常接近人类行为的人工智能。一个真正的智能时代即将来临。

通过精准模拟大气运动，短期天气预报将变得极为精准。

通过对海量图像的模式识别，我们几乎可以让人工智能帮我们识别出照片上的任何东西。

互联网上的所有信息都会被读取和分析，我们有可能能够追溯任何一条信息的原始信源，让伪科学和谣言无所遁形。

我们会深入蛋白质分子层面进行病理研究和药物研发，所有人体内的化学反应都将被彻底弄清。

我们会深度解读每个人的基因，我们有机会彻底弄清楚每一个基因代表的含义，人体很可能会被彻底解码。

我们的医疗也会进入到基于基因解析的精准医疗阶段，人类的寿命会被延长到极致，除了仍然无法对抗的衰老，我们不再惧怕任何疾病。

在完成上述计算之后，如果算力依然充足，人类必然会把手伸向宇宙。我们会对地球上能接收到的所有电磁波进行拉网式搜索，也许我们很快就能发现来自遥远星系的智慧生命的呼唤。

人类或将掌握微观世界的底层规律

经典计算机会一直发展到摩尔定律失效，芯片的尺度达到物理极限为止。未来，量子力学会接过经典力学的接力棒，一直推动量子计算机的发展，人类对世界的理解将从宏观近似的理解跃升为对微观世界底层规律的精准理解。

量子力学主宰的微观世界一直以来都以它的反常识和怪异的规则，展现给我们一副生人勿近的状态。但是，量子力学理论指导下的量子计算机成了量子力学的破壁人。它不仅把量子力学各种怪异的特点应用得淋漓尽致，还通过自己强大的计算能力，不断提升着自身的能力。有了量子计算机之后，人类控制微观世界的大门就被开启了。

很难想象，人类对微观世界的控制，最终会达到什么样的水平。但是，我们可以肯定的是，量子计算机必然能加深我们对于量子力学的理解，从而形成互相促进的良性循环。也许，人类寻找万物理论的终极梦想也能在这个阶段得以实现。

人类是否会像科幻大师阿瑟·克拉克在《太空漫游四部曲》中描写的银河主宰一样，最后把自己也化作量子信息融入到宇宙里？我觉得，如果顺着这个方向，一直开脑洞下去，还真不排除这种可能呢。

我们与魔法世界的距离，只隔着一台原子操纵机

2020年10月9日，伦敦玛丽女王大学、剑桥大学和特罗伊茨克高压物理研究所在《科学》杂志的子刊上发表了一项研究成果。在这项研究里，科学家们通过实验数据和理论计算，证明了声音的最快速度是一个常数。

大家应该都知道，声音在不同的介质里，传播的速度是不一样的。声音在空气中的传播速度大约是343米/秒，在水中的传播速度大约是1482米/秒。我们可以看出一个规律，那就是介质的密度越大，声音传播的速度就越快。

其实这个现象很好理解。声音的传播本质上就是传播介质里原子振动动能的传播。所以，物质越是致密，声音的传播也就越快。但是，物质的疏密程度并不是影响声音传播速度的唯一变量。声音在氧气里的传播速度是326米/秒，这跟声音在空气里的速度相差不多。但是你能猜出声音在氢气中的传播速度吗？如果你以前并不知道这个数值的话，我打赌你会猜不到，因为，声音在氢气里的传播速度是1270米/秒，与声音在水里的传播速度差不多，是在空气中传播速度的4倍。

声速

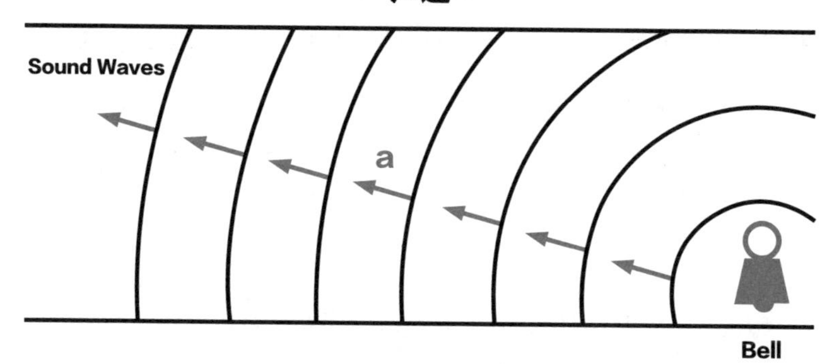

声速 (a) 取决于介质的类型和介质的温度。

$a = \mathrm{sqrt}(\gamma\ R\ T)$

γ = 比热比（标准状态下空气为 1.4）
R = 气体常数（空气的气体常数为 286 $m^2/s^2/K$）
T = 绝对温度（273.15 + 摄氏度）

声音的速度

原来，声音的速度还会与传播介质的原子量成反比。也就是说，传播介质的原子量越小，声音的传播速度越快。科学家们先是根据量子力学创建了数学模型，然后又在各种各样的材料上验证他们的理论预测。实验证明，声音在固体氢中传播的速度与声音传播的理论极限速度非常相似，达到了每秒钟 36 千米。

这个速度比声音在空气里传播的速度，足足快了 100 多倍。造成这么大的差异的原因，就是材料。

新材料是令人着迷的，比如说，石墨烯气凝胶是坚韧的固体，但它的密度却比氦气还低，可以飘浮在空气中。再比如说，有一种能够把皮肤或肌肉组织黏合在一起的胶水，可以替代手术中的缝合线，黏合后的伤口最后会自然愈合，不易留下疤痕。还有我们前文提到过的，可以用来建造太空电梯的网红材料碳纳米管，它的抗拉强度是同等体积钢丝的 100 倍。

材料即魔法

人类的文明发展史，差不多就是一部人类对新材料的利用史。

最开始，我们敲打石头，做成石刀和石斧。再后来，我们通过冶炼技术，进入了青铜器时代和铁器时代。每一种物质都有一些内秉的特性，这差不多就是我们普通人对于材料的理解。

但是，铁器的出现，颠覆了人类对材料的理解。早期人类的冶炼技术，并不足以把铁矿石完全融化，熔炉里的铁是一种粗糙多孔的黑灰色混合物。后来，人们意外地发现，锤打高温的铁块可以提高铁的纯度。再后来，工匠们逐渐掌握了锻造、淬火甚至在铁中加入木炭来制造硬度更高的钢的办法。

铁器之所以能比青铜器更加深刻地影响人类的文明，正是因为它对人类来说，已经不仅仅是一种天然材料，而是将复杂的冶炼和锻造技术融入了其中。

著名科幻小说家阿瑟·克拉克曾有句名言，他说："任何足够先进的科技，都与魔法无异。"这句话如果用在材料科学上面，也非常贴切。

如果古代人拆开一个现代人制造的机械钟，他们一定不会认为机械钟是神秘的魔法。那些极其复杂的结构和零件，意味着这只是能工巧匠的设计而已。但是,如果古代人见到现代人生产的气凝胶,肯定会大吃一惊。因为即便把气凝胶彻底砸碎，古代人也依然看不出所以然来。他们会以为，这是某种禁锢了空气的魔法。

之所以气凝胶会比钟表显得更神秘，就是因为，材料永远不会主动向人展示它们的微观结构。材料就像是一个单向的加密系统，它把制造材料的科学技术封装了起来。按照规定的流程制造一种材料是容易的，但破解未知材料的制造过程，则非常困难。

发现材料靠撞大运

我们经常会用“材料科学”这个词来描述研究新材料的学科。但是，特别遗憾的是，在过去很长的一段时间里，材料科学根本算不上是一门科学，也没有什么可以遵循的研究范式。我们没办法通过某种材料的尺寸、密度、分子量等基本数据，推测出材料的特性。多数情况下，我们只能试试看。

托马斯·爱迪生就是尝试法的典范。只要一提到孜孜不倦的尝试，我们立即就会想起大发明家爱迪生和他寻找灯丝的故事。1878—1879 年间，爱迪生用了 1600 多种不同的材料做灯丝试验。他几乎把他和助手能找到的所有纤维，全都试了个遍，最后才终于找到了碳化的竹纤维当作灯丝。

我相信很多人都听过这个故事，但是你可能没注意，碳化竹纤维并不是一种天然材料。当时的爱迪生，试过能找到的所有天然材料后，才被迫开始尝试加工过的材料。碳化竹纤维就是在这种情况下被爱迪生找到的。

在爱迪生的时代，由于我们不了解竹纤维的内部结构，当然也就没办法对这种纤维碳化后的新材料作出有效的预测。这种研究其实就是在撞大运。

但是，即便能够凭借量子物理了解材料的微观本质，我们也没能真正避免爱迪生遭遇过的窘境。在研究新材料的过程中，尝试法仍然还是最有效的办法之一。

2010 年，《自然》上刊登了华盛顿大学的生物化学家大卫·贝克教授的一篇论文。这篇论文最神奇的地方是，它把 57000 名玩家写进了作者栏中。原来，这 57000 名玩家都在一个名叫 Foldit 的蛋白质折叠游戏中，作出过突出的贡献。

大卫·贝克是一名研究蛋白质结构的知名科学家。2008 年的时候，他灵机一动，想出了一个非常天才的主意。他想，能不能开发出一款游戏，让玩家们联网，用各种氨基酸来拼装蛋白质呢？说干就干，有了想法之后，贝克教授真的带领软件团队做出了这款游戏，这就是刚刚我提到的 Foldit 蛋白质折叠游戏。

在这个游戏中，玩家的目标就是用各种各样的氨基酸拼装出指定的蛋白质分子。游戏一上线就火了，一个个的蛋白质拼装任务，被海量的玩家一一攻破。在 Foldit 官网的论坛上，还有玩家留言说："下一个任务什么时候出？希望有点儿难度才有挑战性。"

2011 年，贝克发表了一篇关于猴类艾滋病毒相关蛋白质结构解析的文章，这也是游戏 Foldit 的功劳。据说，这个蛋白质的结构已经困扰了研究者 15 年之久，但是，这个任务发到 Foldit 上之后，仅仅十天就宣告破解。

虽然发动大量游戏玩家破解蛋白质结构的主意看起来很棒，但也透射出一个问题，那就是，这仍然是一个爱迪生式的研究过程。之所以可以迅速完成研究工作，只是因为我们拥有几万名热情高涨的爱迪生而已。

为什么非要用大量人力来完成蛋白质的结构设计呢？直接用计算机算不可以吗？科学家们当然想到过用超级计算机来计算蛋白质的结构。但是，蛋白质的变化实在是太多了，多到超级计算机也难以完成如此庞大的计算任务。这种情况下，游戏玩家的优越性就凸显了出来。人们可以高效识别出哪类组合是完全不可能的，从而过滤掉大量无用的选项。这个过程就像是下围棋，虽然围棋的变化数比宇宙中的原子总数都要多，但大部分时候，我们在下棋时，直觉会告诉我们，值得落子的地方，总是只有不多的几个而已。

理性设计法为时尚早

现在，我们已经在用大数据＋人工智能的模式来设计材料，这样就可以把有限的计算能力用在最有价值的方案的筛选上，这就是现在材料研究中流行的理性设计法。只要把量子力学当作设计材料的第一性原理，我们就能预测出具备某种结构的材料会拥有什么样的化学性质。

但是，理性设计仍然只是一个好的开始，更加困难的是材料的制造。大部分有神奇特性的材料在微观尺度上都有着不同寻常的结构。即便我们完全清楚这种材料的微观特征，想要把它们制造出来，也不是一件容易的事情。

石墨烯是一种天然材料，简单地说，如果能从石墨片表面撕下来一个碳原子那么厚的薄薄一层，我们就获得了石墨烯。如果把无数层的石墨烯叠在一起，它就又会变回石墨。

通过计算可以得知，一平方米石墨烯的重量，只有 0.765 毫克。但就是这张只有一个碳原子厚度的薄膜，却能够承受高达四公斤的拉力。如果石墨烯薄膜发生破损，只需要用含有碳原子的物质接触它，它就能进行自我修复。石墨烯还有一大堆的神奇特性，比如说，石墨烯薄膜有着超高的透光率，它们看起来几乎就是全透明的。石墨烯还有极好的导电、导热性能，所有这些优秀的特性都让科学家们垂涎欲滴。

早在 1948 年，科学家就通过电子显微镜观察到了很薄的石墨样本。但是，在当时的条件下，人们根本无法确定，电子显微镜下面的石墨薄片是由几层碳原子叠加而成的。

在后来差不多半个多世纪的时间里，科学家们想尽了各种办法，希望能够获得石墨烯。这些方法中有氧化还原法、取向附生法、化学气相沉积法等，但是，这些方法制造出来的石墨烯要么不够均匀，要么成本过于高昂。

更多科学家钟爱的方法，还是简单粗暴的机械打磨。如果能直接把一块石墨磨成 1 个碳原子的厚度，那剩下来的最后一层，就是石墨烯。

2004 年，英国的两位科学家，安德烈 · 盖姆和康斯坦丁 · 诺沃瑟洛夫发明了一种非常简单的方法，他们用胶带粘住石墨，再撕开，石墨就被撕成两片，再粘住，再撕开，胶带上的石墨厚度就再次减少为原来的一半。这样反复多次操作之后，胶带上的石墨层就只剩下一层。最后，他们再用溶液把胶带溶解掉就得到了石墨烯。

当然，你不要试图用家里的胶带复现这个过程，说起来容易做起来难，当石墨薄到一定程度时，就是完全透明的了，你根本无法看到胶带上是否还粘着石墨。但它的原理真的是极其简单的，就是凭借这种简单有效的石墨烯制取方法，这两位科学家获得了2010

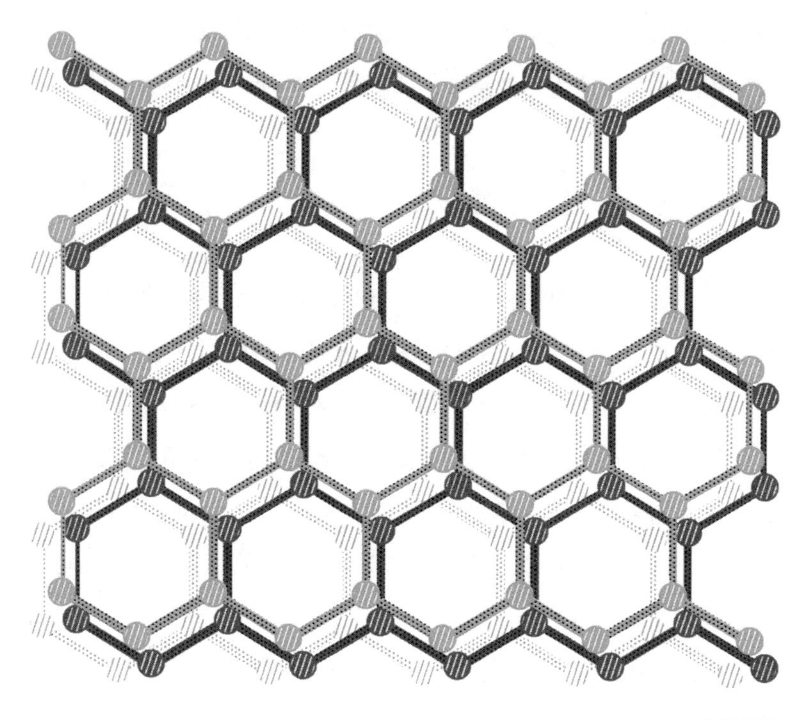

石墨烯结构

年的诺贝尔物理学奖。

但是,这种制取石墨烯的方法依然有缺陷。虽然从理论上来说，使用胶带总是可以把石墨一分为二，但是，胶带上的胶也并不是均匀的，这会导致石墨烯薄膜的完整性被破坏。这种方法制取的石墨烯，都是几微米大小的碎片，而不是完整的一大片薄膜。这样的方法如果想要实现大规模生产，仍然是困难重重。

所以你看，仅仅是制造石墨烯这件事情就足以让科学家绞尽脑汁。现有的石墨烯制取方法根本就没有一条确定的技术发展路线，完全就是百家争鸣、百花齐放的状态。这正是材料科学不太体面的地方，我们即便掌握了量子力学、大数据和人工智能，我们用的方法，依然还是爱迪生的老路子，那就是反复不断地尝试。

计算机芯片上的材料突破

有人认为，在材料科学领域，低垂的果实已经越来越少。只有那些在微观尺度上极度随机的结构，才是容易得到应用和量产的，比如那些不沾水的布料和不沾油污的涂层。对于微观尺度上高度有序的材料，比如石墨烯，我们只能靠碰运气的方式来寻找制造它们的办法。如果能找到，那就是人类的幸运，如果找不到，也只能接受现实。这也是很多神奇材料在实验室里存在了很多年，也没能走向市场的重要原因之一。

不过,我们也不用太过悲观。有一种结构非常复杂的纳米级材料，我们已经持续稳定地量产多年，而且，我们还在不断地挑战着这种纳米材料的尺度极限，你能猜出这是什么材料吗？这就是计算机芯片。

没错，计算机芯片确实可以算作是一种特殊的材料，它特殊的微观结构让它在通电后可以具备计算、存储等神奇的功能。最初，由于对计算机性能的强大需求，我们发明了光刻技术。现在，光刻技术经过反复迭代，已经可以挑战性地创造出 3 纳米尺度的微观材料结构了。

如果有某种材料的附加值可以达到与计算机芯片一样高，那么就可以动用光刻机或者类似的技术来生产它。目前看来，要在宏观尺度上操纵微观结构，激光是我们最好的工具。现在，利用激光在微观尺度上做操作，最大的问题依然是慢。提高效率的办法就是让很多互相平行的激光束同时工作，就像是刻图章一样，一下子就把我们需要的一大片结构刻在材料上。虽然在目前的技术水平上，让很多束激光完全平行地一起工作，还面临着不小的技术困难，但这里并没有任何科学原理上的限制，我们只需要耐心等待技术的提高就行。

除了光刻技术，还有另外一种制造材料的思路，那就是利用微观上的量子力学规律，让材料实现微观层面上的制造，或者自组织。

生命体内的 DNA 和 RNA 分子就是一些非常神奇的材料。这些材料能够在极小的尺度里记录海量的信息，还能够利用这些信息，通过自组织的方式来创造各种各样的蛋白质。

还记得前文中提到的用于替代缝合的胶水吗？这种胶水就是利用化脓性链球菌分泌的一种蛋白质制成的。皮肤和肌肉组织都是由蛋白质组成的，想要把它们黏合起来非常困难，但是这种特殊的蛋白质接触到组织细胞的时候，就会与周围的蛋白质形成牢固的化学键，这就起到了黏合的作用。

用这个思路，我们还可以有针对性地设计出各种各样的胶水。比如说，某种胶水完全不粘手，但是却可以牢固地粘合金属或者陶瓷。我们可以提前在计算机中设计出这些蛋白质的结构，然后再通过基因编辑技术，把某些细菌改造成生产蛋白质的机器，从而量产这类蛋白质。

新材料研发的瓶颈

由此可见，在新材料研发上，现在面临的最大困难是我们无法随心所欲地在原子层面上操纵物质的结构，现在，我们已经具备了大量的理论基础，科学家们也很清楚目标是什么。

就拿石墨烯的生产为例，科学家们早就知道石墨烯的存在，也知道它的特性，就是没办法完美且廉价地生产它。

另一方面，在基因编辑技术上，虽然我们已经能实现基因的敲除和剪切，但这些技术都是用了一些巧妙的方法来进行相对粗糙的基因剪辑工作，想要精确地编辑一个碱基，现在我们还很难做到。

因此，无论是自上而下的雕刻，还是自下而上的组合，新材料研发的技术奇点都明确地指向了一项技术，那就是通用型的分子和原子操纵技术。我们姑且可以把这种技术叫作原子操纵机。

这种原子操纵机的构想并不是天方夜谭，早在 1970 年，美国

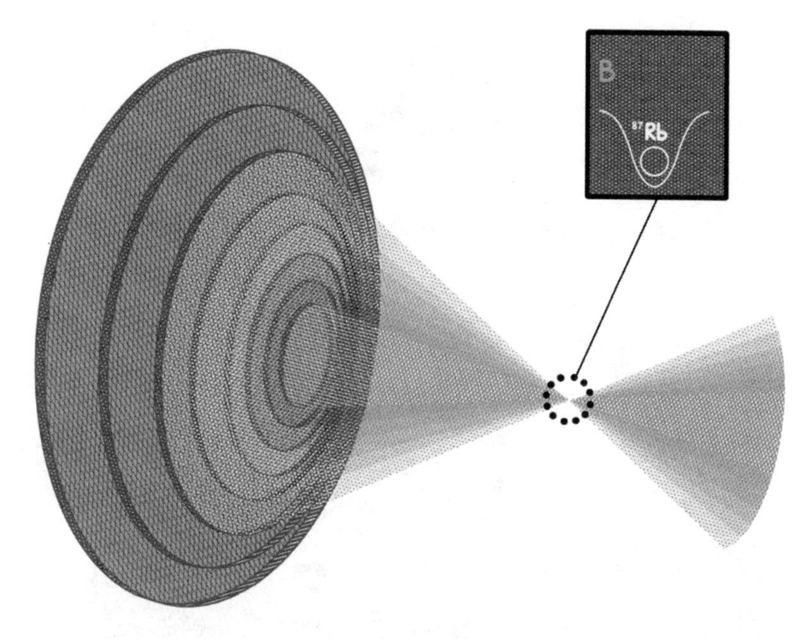

光镊的原理

物理学家阿什金就发现，激光束产生的力可以推动分布在水或者空气中的微小粒子。阿什金还观察到，散射的激光会对微粒产生明显的推力。1986 年，阿什金展示了改进的实验，他只用了一束聚焦的激光来照射粒子，激光的散射光与激光本身组成了一个陷阱，像镊子一样把粒子固定住，这就是著名的光镊。阿什金也因此被后辈们称之为“光镊之父”。

观看了这个实验后，阿什金在贝尔实验室的同事华裔科学家朱棣文大受启发，立即投入了相关的研究，他发现，激光的压力可以让高速运动的原子和分子减速，并且让它们冷却下来，他用来自不同方向的多束激光把原子控制住。1997 年，朱棣文幸运地凭借着

原子操纵机

激光冷却和捕获原子的方法，先于阿什金获得了诺贝尔物理学奖。

2018 年，已经 96 岁高龄的阿什金终于等来了他的诺贝尔奖。他发明的光镊，也是目前最有希望的一种制造原子操纵机的技术原理。

畅想奇点突破后的材料

在原子操纵这个技术奇点被突破后，制造一种新材料将不再是一件困难的事情。

在量子力学理论、大数据和人工智能的共同驱动下，对新材料进行理性设计，已经成为新材料设计的新范式。只要我们能够通过计算来设计出一种新材料，我们立即就可以尝试生产它。在这个阶段，一种新材料能否大规模生产仅仅取决于市场对这种材料的需求。

不过，能设计就能生产，这还不是材料科学的终极状态。人工智能＋大数据的设计模式，其实仍然是受到人类经验限制的，毕竟大数据就是人类的工作经验嘛。我们可以大胆想象，当量子计算机能够参与到寻找新材料的工作中时，我们就可以放弃设计，而采用地毯式搜索和排查的方法，把可能有用的材料穷举一遍，那个时候，我们真的会迎来一次井喷式的新材料爆发。大量我们想都想不到的新材料，会被排查出来，等待我们去生产和使用。

我们可以随意开几个脑洞，感受一下新材料对我们生活的改变吧。

第一，未来的高分子材料将永远不会老化，更不会磨损。它们可以自动地修复表面和内部的伤痕，需要的原料只是空气中无处不在的二氧化碳和水而已，就好像植物利用光合作用可以将空气中的二氧化碳转化成各种有机物一样。

第二，同类的可以吸附和固定二氧化碳的材料，可以被大规模地生产和部署，用来回收大气中的二氧化碳。只需要紫外线的照射，这些材料就能把二氧化碳固化到内部。当这些材料吸收了足够的二氧化碳后，就可以当作固体燃料烧掉，把里面的碳源重新释放出来。这是一种全新的太阳能利用方式，有了这类材料，人类也就不再为碳排放问题而担忧了。

第三，新材料会让我们对太阳能的利用效率大大增加，甚至远超过植物的光合作用，这可以让人类直接摆脱对化石能源的依赖。建筑物的外墙完全可以用可调节透光度的太阳能电池板来建造，人们可以根据需要来调节进入室内的阳光强度，多余的阳光则可以高效地转变成电能储存起来。大规模使用太阳能电池板还能够减少楼体放热，改善城市热岛效应，让城市的空气更清新。

在这个新时代里，制造业可能会有这样一句流行语：能用材料解决的问题，就不要制造机器。这句话确实没错。如果你家的地毯可以自己除尘,那还要吸尘器干什么呢？如果你家的玻璃可以自净，那还要擦窗器干什么？如果你家的墙体本身就能帮你调节温度，那还需要空调和暖气管道吗？

新材料不仅会全面地改善我们的生活环境，还会深入地改变我们的衣食住行。曾经有一句话是这样说的：工业时代没办法用水和泥土制造出苹果，但是苹果树可以。

而现在到了新材料爆发的新时代，我们也可以自信地说，苹果树能做到的，我们也行。

量子世界最本源的力量

无论我们如何大开脑洞，我们所能想到的改变也只是真实未来的冰山一角而已。可以说，一种新材料浓缩了用于设计和生产这种材料的全部科学技术。对于普通人来说,材料真的就像是某种魔法，人们只是知道这些材料具备着各种各样的神奇特性，却可能永远不知道为什么。

如果用一句话来概括新材料，大概可以这样描述：这是来自量子世界底层的最本源的力量，一旦这股力量被充分挖掘出来，我们的世界真的会像魔法世界一样神奇。

后记

出版一本畅想未来科技的书，有许多你们可能想象不到的困难，因为科技发展得实在太快。本书有近 20 万字的篇幅，涉及的科学领域极其广泛，我不可能在短期内完成整本书的写作。实际上，书中的文章是我在三年间陆续写成的。而在这样一个科技爆炸的时代，三年足以让某一项技术产生革命性的飞跃，或者让一项技术的前景从“看好”到“没戏”，这就使得我在这三年中，必须不停地翻回去修订。

更加困难的是，实体书的出版有一个漫长的流程。在这本书审校和配图时，科技发展并不会停下来等我们。所以，我和本书的编辑不得不一边审校一边修订、增补。尤其是人工智能的发展速度之快远超我的想象，以至于在即将付梓之际，我又不得不大段地删改已经审校好的文字。这样一来，又不得不重新编辑排版。这似乎是一个恶性循环，要修订的东西越多，审校的时间也越长，而时间拉得越长，就越有修订的必要，如此循环往复，似乎永无尽头。但无论如何，总是需要有截稿，不再修订的果决，否则，本书可能永远也出版不了了。

因此，我必须跟所有的读者表示歉意，如果你发现本书中有些章节似乎在时间关系上有些错乱，或者有些内容前后有些不一致，这实属无奈。我想，这是所有描写未来科技题材的书很难避免的困境：我们写作出版的速度远远跟不上科技的发展速度。

请你记住，你在本书中所看到的风景，不过是我为你掀开未来的一个小角。或许你会觉得用这种充满期待和想象的方式来描绘未来是一件天经地义的事情，其实并不是这样。如果时光倒回到三四百年前，那时候的人们绝对不可能用今天这样的方式来期待未来。

假如有一个 1000 年前的古人冬眠了 500 年后醒来，他会发现世界几乎没有什么变化，自己完全不需要去适应 500 年后的世界。我们是整个人类历史上能在有生之年感受世界变化速度最快的一代人，从这个意义上来说，你我能成长在这个时代，是一件无比幸运的事情。也只有这样的时代，才会有那么多人津津有味地阅读预测未来的书籍，就好像此时此刻的你捧着的这本书。

假如你是在我写完这本书的两三年后才阅读，你发现很多我在书中描写的未来已经成了现实，感叹我预言的精准，你不用佩服我，因为我在书中预言了那么多未来的事情，就算蒙也能蒙对几件，不是吗？而且，我非常清楚，必然也会有很多事情出乎我的意料，我的预言彻底失败了，也请不必嘲笑我，这个世界上真的没人能预测未来，因为未来本身就是不确定的，很多微小的扰动都有可能改变未来科技的走向。

假如我们现在都坐在同一辆通往未来的时光列车上，那么这趟列车绝不是行驶在一根笔直的轨道上，在列车的前方，有无数的岔路，而每一个岔路边都有一个正在扔骰子的扳道工，他会朝哪边扳，是一个概率事件。

但不管怎么说，我们都是带着同样的兴奋期待着下一秒钟的风景。很高兴能为你讲解沿途的风景，期待我还有机会能继续与你同乘，再次为你讲解。

汪诘

2023 年 12 月 4 日于上海

（全书完）

图书在版编目（CIP）数据

未来科技大爆炸 / 汪诘著. -- 石家庄：河北人民出版社：河北科学技术出版社，2024.8
ISBN 978-7-202-16721-2

Ⅰ. ①未… Ⅱ. ①汪… Ⅲ ①科学技术—普及读物 Ⅳ. ①N49

中国国家版本馆CIP数据核字(2024)第024809号

书　　名　未来科技大爆炸
　　　　　WEILAI KEJI DABAOZHA
著　　者　汪　诘

出 版 人　陆明宇　魏文起
策划编辑　马　丽
责任编辑　马　丽　张静中　陈冠英
项目运营　胡杨文化　何崇吉
特约编辑　杨子铎
责任校对　余尚敏
美术编辑　李　欣
封面设计　杨贝贝
插图绘制　昕　璟

出版发行　河北人民出版社　河北科学技术出版社
　　　　　（石家庄市友谊北大街330号）
印　　刷　北京中科印刷有限公司
开　　本　880毫米×1230毫米　1/32
印　　张　11.25
字　　数　240 000
版　　次　2024年8月第1版　2024年8月第1次印刷
书　　号　ISBN 978-7-202-16721-2
定　　价　59.80元